HISTOIRE du MONDE et des SCIENCES

Tome 1

Du BIG BANG à l'an zero

Clément LASCO

ISBN N° 978-2-9560017-1-3

Du même auteur et aux « Editions du Moulin » :

- **Les dessous de Paris** – 2008 – Roman Historique
- **Réflexions Chinoises et pensées Européennes** – 2016 – Interculturel
- **Paris, anecdotes et curiosités sur la ville lumière** – 2017 – Histoires étonnantes sur Paris, sa création et ses rues

SOMMAIRE

I- INTRODUCTION

Dès l'aube de l'humanité, les hommes furent intrigués par les phénomènes célestes : le caractère périodique de ces phénomènes, l'alternance des jours et des nuits, celle des saisons demandaient une explication. Dans un premier temps, on laissa aux divinités le soin de régler les phénomènes du ciel, ce qui évitait de se poser trop de questions. Cependant, sans vouloir expliquer pourquoi les phénomènes du ciel se produisaient avec une telle régularité, il apparut utile de pouvoir les connaître à l'avance. L'arrivée des saisons, surtout dans les régions tempérées, était cruciale pour la vie de tous les jours. Mais pour pouvoir effectuer une prévision, même très simple, il fallait pouvoir écrire et compter. La mise en place d'une écriture et d'un système de mesure ou de comptage a donc été un préalable à la capacité de prédire les phénomènes célestes et d'établir un calendrier. La capacité de comprendre le pourquoi des phénomènes célestes est une quête autrement plus complexe, quête qui n'est pas terminée aujourd'hui.

D'après le Larousse, le terme « Science » tiré du latin *Scientia*, de scire, du savoir, est un ensemble cohérent de connaissances relatives à certaines catégories de faits, d'objets ou de phénomènes obéissant à des lois et vérifiés par des méthodes expérimentales. La science est historiquement liée à la philosophie.

Elle se compose d'un ensemble de disciplines dont chacune porte sur un domaine particulier du savoir scientifique. Il s'agit par exemple des mathématiques, de la chimie, de la physique, de la biologie, de la mécanique, de l'optique, de la pharmacie, de l'astronomie, de l'archéologie, de l'économie, de la sociologie, etc.

Les sciences sont découpées en 3 types :

Les *sciences exactes*, comprenant les mathématiques et ses « dérivés » comme la physique théorique ;

Les *sciences physico-chimiques et expérimentales* (sciences de la nature et de la matière, biologie, médecine) ;

Lles *sciences humaines*, qui concernent l'Homme, son histoire, son comportement, la langue, le social, la psychologique, la politique.

D'après Francis Bacon l'acquisition de connaissances reconnues comme scientifiques passe par une suite d'étapes résumées comme suit :

Observation, expérimentation et vérification

Théorisation [1]

Prévision

Dans le langage commun, la science s'oppose à la croyance ; par extension les sciences sont souvent considérées comme contraires aux religions. Hervé Jamet, précise que la science a 3 composantes : l'observation, l'expérimentation et les lois. Mais peut-on dire que les Mathématiques soit une science ?

[1] Interpréter des données particulières ou partielles de façon à les intégrer dans une théorie de valeur générale

L'observation n'existe pas dans les mathématiques mais la science ne pourrait pas exister sans les mathématiques. Il dit « Le point le plus délicat se situe à l'interface entre la Science et les mathématiques.

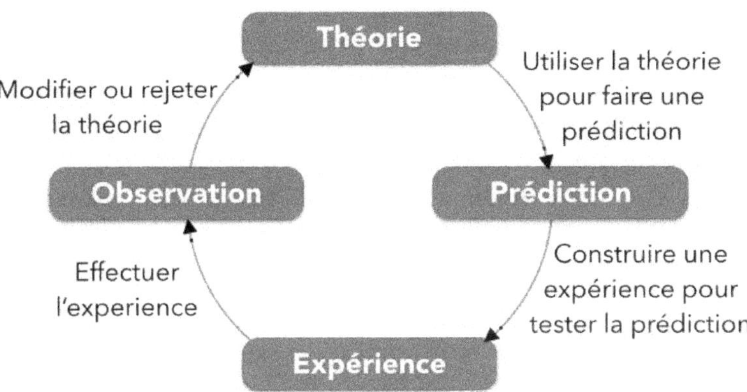

L'efficacité de l'outil est totalement dépendante de l'adéquation de la modélisation des phénomènes. L'extrême souplesse des mathématiques permet cependant de forger de nouveaux outils mathématiques si ceux existants ne sont pas adaptés à la modélisation des phénomènes ou au traitement des données issues de l'observation. Newton inventa le calcul infinitésimal pour pouvoir calculer les mouvements dus à l'attraction universelle.

Le rêve et l'imagination n'existent pas dans le quotidien de la science qui interdit la moindre fantaisie aux scientifiques. Ceux-ci peuvent être croyants et beaucoup étaient très liés à l'église ; Galilée était l'ami du Pape. Cependant, de par leurs études, ils étaient parfois amenés à contester certains dogmes religieux, et cela leur valait très souvent de gros ennuis. Que faire lorsque des découvertes scientifiques invalident des chapitres entiers de la Bible ?

L'histoire des sciences est intimement liée à l'histoire des sociétés et des civilisations. D'abord confondue avec l'investigation philosophique, dans l'Antiquité, puis religieuse, du Moyen Âge jusqu'au Siècle des Lumières (1715-1789), la science possède une histoire complexe.

L'épistémologue Thomas Samuel Kuhn parle des « paradigmes de la science » comme des renversements de représentations, tout au long de l'histoire des sciences. Kuhn énumère un nombre de « révolutions scientifiques », André Pichot distingue l'histoire des connaissances scientifiques et celle de la pensée scientifique.

II – REFLEXIONS SUR L'ORIGINE DE LA SCIENCE

La terre est née il y a environ 15 milliards d'années. La grande diversité des planètes du système solaire s'est mise en place en quelques dizaines de millions d'années il y a 4,55 milliards d'années. Des expériences effectuées sur Terre ont montré que les éléments de base de la vie pouvaient y apparaître facilement. Mais, une théorie, la panspermie[2], affirme que la vie aurait pu venir de l'espace. Depuis 40 ans, des études menées ont montré comment sont apparues il y a quatre milliards d'années, les acides aminés. Ces derniers sont le fondement de la naissance de la vie.

Mais, à ce jour, personne n'a réussi à assembler ces éléments pour créer la vie. Il y a 4 milliards d'années, juste avant que n'apparaisse la vie, le flux des micrométéorites et des météorites était mille fois plus abondant. Or, la composition de certaines météorites a permis d'élaborer certaines hypothèses. Lorsqu'il y a 4,6 milliards d'années, le système solaire s'est formé, une grande quantité de matière non prisonnière du Soleil ou des grandes planètes a continué d'errer dans l'espace, satellisée autour du système planétaire.
Ce sont ces objets météoriques que l'on aperçoit sous forme d'étoiles filantes ou de comètes. Nous savons que, parmi les météorites, celles appelées « chondrites carbonées » sont riches en carbone, en eau mais aussi en hydrocarbures ainsi qu'en acides aminés.
Ce sont donc tous les éléments nécessaires pour créer la vie. La Nasa a mis en oeuvre Deep Impact.
Cette mission consiste à faire un trou dans une comète pour connaître les effets de l'impact. On percutera la comète, créant un cratère, éjectant la glace et la poussière puis on observera ce qui se cache en dessous.

---

[2] La **panspermie** formulée dans l'Antiquité par Anaxagore, puis proposée dans sa forme moderne par Hermann von Helmholtz en 1878 est une théorie scientifique qui affirme que la Terre aurait été fécondée de l'extérieur, par des moyens extraterrestres.

L'expérience permettrait d'analyser l'eau congelée à l'intérieur de cette comète afin de comprendre quels sont les mécanismes chimiques qui ont abouti à la formation de l'eau, sous forme liquide, et donc à la naissance de la vie sur la Terre. La plupart des micrométéorites (inférieur à 0,5 mm) que nous recevons sur Terre proviennent de la poussière des comètes lorsque le trajet de celles-ci coupe l'orbite de la Terre autour du Soleil. Mais, des chercheurs américains ont présenté une autre théorie en 1996. Ils pensent que micrométéorites et météorites qui ont ensemencé la Terre il y a 3,8 milliards d'années sont venues de Mars. Depuis sa formation, la Terre est restée sur la même orbite. Par contre, la rotation a varié. Au début de sa vie, la Terre tournait beaucoup plus vite. Les jours ne duraient qu'une dizaine d'heures. Il y a 200 millions d'années, une année comportait 400 jours d'un peu moins de 22 heures. Actuellement, ils augmentent de 0,002 seconde par siècle.

Ce ralentissement est dû en partie à l'influence de la Lune et de ses marées. D'après ***Chen Fangzheng***, si les Chinois reconnaissent que la science moderne provient de l'Occident, ils continuent de s'interroger : pourquoi n'est-elle pas née en Chine ? Selon eux, dans l'Antiquité, la Chine et l'Occident avaient le même niveau scientifique. C'est seulement à partir de l'époque de la Renaissance que l'Occident a pris son essor, la Chine ne faisant que stagner à cause de sa propension à l'étude de l'esprit ou du cœur humain et de la nature innée. Depuis lors, l'écart n'a cessé de se creuser. Cette opinion correspond, au fond, à la vision de Joseph Needham. Dans l'Histoire de la science chinoise, il semble montrer que la science était très riche et développée dans l'ancienne Chine, tandis qu'en Occident, le développement de la science s'effectuait selon un processus, non pas continu et stable comme en Chine, mais discontinu et avançant par bonds.

Ces derniers siècles constitueraient une période de phase ascendante qui a permis à l'Occident de dépasser l'Empire du Milieu. Ces deux hypothèses reflètent, au fond, la même conception, selon laquelle la suprématie scientifique de l'Occident ne résulterait pas de sa spécificité sociale et culturelle, mais serait un phénomène accidentel ou transitoire. Une telle analyse est certes séduisante sur le plan nationaliste, mais il s'agit de savoir dans quelle mesure elle correspond à la réalité.

Il nous semble difficile de faire ici une étude comparée et exhaustive de la science chinoise et occidentale, ne serait-ce que pour décrire le développement d'une quelconque tradition scientifique. Nous nous contenterons alors d'observer et d'analyser la naissance de la science moderne à partir d'un traité d'astronomie de Ptolémée, intitulé Syntaxe mathématique (Almageste), ce qui nous permettra d'apporter quelques éléments de réponse à la question de l'origine de la science moderne.

On sait que l'émergence de la science moderne a été marquée par la publication, dans la deuxième moitié du XVIIe siècle, des Principes mathématiques de philosophie naturelle de Newton.
Il faut savoir aussi que cette tradition scientifique, inaugurée par Copernic, provient d'un mouvement culturel qui a duré du XIIe siècle jusqu'à la Renaissance proprement dite. L'œuvre de Peurbach, astronome Allemand, intitulé « Nouvelle théorie des planètes » et publié en 1472, était inspirée de « la théorie des planètes », livre écrit au XIIème siècle par un auteur inconnu. Cependant, ce dernier est une synthèse de l'Almageste, livre écrit par Claude Ptolémée (90 – 168). L'origine de la science moderne remonte au XII eme siècle. Pour la science, la tradition est plus marquée en Occident qu'en Chine.

À l'époque des Han orientaux (25-220), seules deux œuvres scientifiques chinoises, Traité de la médecine interne et Essais sur la typhoïde, étaient comparables à l'Almageste tant sur le plan tant quantitatif que qualitatif. Ces deux livres sont, effectivement, à l'origine de la médecine et de la pharmacologie chinoise.
Dans le domaine des sciences exactes, comme les mathématiques et la physique, on ne peut citer que Neuf Chapitres sur l'art mathématique et Canon des calculs sur le cadran solaire dont la valeur scientifique est insignifiante par rapport à la Syntaxe mathématique grecque. Pour remonter encore plus loin dans la tradition scientifique hellénistique, on peut citer l'Académie d'Athènes, créée par Platon, voire l'école de Milet et

celle de Pythagore, qui ont existé du VIe au VIIe siècle avant notre ère. Par contre, en Chine, seule la tradition confucéenne est comparable dans la mesure où elle a perduré des siècles durant et exercé une influence considérable.
Il ne faut pas non plus oublier que l'origine de la science hellénistique remonte à la nuit des temps : les papyrus de l'ancienne Égypte et les milliers de tablettes d'argile de l'empire de Babylone, durant le règne d'Hammourabi, datent de 1500 à 1900 avant Jésus-Christ, période donc plus ancienne que celle de l'écriture chinoise sur les carapaces de tortue.

Ensuite, la science s'est développée, semble-t-il, dans différentes villes et différentes cultures, qui font cependant partie de cette vaste zone que constituait la " civilisation occidentale ". Ainsi, les côtes occidentales de l'Asie mineure, Athènes, Alexandrie, Bagdad, Tolède, ont-elles été tour à tour le centre de recherches scientifiques. Chaque progrès de la science semble lié à un personnage scientifique qui sort du rang et écrit un ouvrage remarquable. Toutefois, les scientifiques ont toujours eu besoin d'être formés dans des institutions académiques. Ainsi, y a-t-il eu l'Académie de Platon et celle d'Alexandrie, l'école fondée par Pythagore ainsi que Bait al-hikma du calife al-Mamum. Durant la Préhistoire, les hommes faisaient des observations (Stonehenge[3] ou Carnac en témoignent) et étaient amenés à reproduire des phénomènes.

C'est sur les berges des fleuves Tigre et Euphrate (Irak actuel) et du fleuve Nil (Égypte), puis plus tard en Grèce que les prémices des sciences ont vu le jour, il y a 5000 ans. Celles-ci étaient transmises par des religieux, ce qui assurait une continuité du savoir, la navigation assurant la propagation des connaissances et l'écriture, sur tablettes ou papyrus.

---

[3] Monument mégalithique composé d'un ensemble de structures circulaires concentriques, érigé entre -2800 et -1100, du Néolithique à l'âge du bronze. Il est situé à treize kilomètres au nord de Salisbury (comté du Wiltshire, Angleterre).

Dans l'observation de phénomènes se reproduisant en *cycles* (diurne, lunaire ou annuel), la découverte des invariants de ces cycles constitue un début de raisonnement scientifique ; il y a là la notion que le monde obéit à des règles, et que l'on peut probablement utiliser ces règles.
Cette période vit l'apparition de techniques agraires, architecturales et guerrières, l'invention de la métallurgie (âge du bronze au IIIe millénaire av. J.-C., âge du fer vers 1000 av. J.-C.), le début de l'architecture et de la mécanique. Sciences et Religion se mêlaient. Les artisans faisaient des prières pendant la fabrication de leurs objets, prières qui pouvaient être un moyen de mesurer le temps lorsque la durée avait une importance dans le procédé. Depuis l'Antiquité, on a essayé de comprendre le comportement de la matière : pourquoi les objets sans support tombent par terre, pourquoi les différents matériaux ont des propriétés différentes, et ainsi de suite.

Les caractéristiques de l'univers, comme la forme de la Terre et le comportement des corps célestes comme la Lune et le Soleil étaient un autre mystère. Plusieurs théories furent proposées pour répondre à ces questions. La plupart de ces réponses étaient fausses ou inexactes, mais cela est inhérent à la démarche scientifique ; et de nos jours, même les théories modernes comme la mécanique quantique et la relativité sont simplement considérées comme des théories qui n'ont pas, pour le moment, été contredites. Les théories physiques de l'Antiquité étaient dans une large mesure considérées d'un point de vue philosophique, et n'étaient pas toujours vérifiées par des expérimentations systématiques.

Il est ici important d'avoir conscience que, dans la Grèce antique, la philosophie est née des débats et discours issus de l'observation de la nature. On trouve donc les étymologies de beaucoup de termes employés aujourd'hui dans les sciences. La physique était considérée dans la Grèce antique, au plus tard à l'époque des Stoïciens, mais sans doute déjà auparavant, comme une des trois branches de la philosophie.

On ne la distinguait pas véritablement de la métaphysique. L'idée de méthode expérimentale commença d'être élaborée de manière précise par Epicure et les sceptiques ; méthode qui jouera également un rôle important dans le développement de la médecine. Hormis pour des précurseurs comme les philosophes de l'école milésienne, Démocrite, et bien d'autres, le comportement et la nature du monde étaient expliquées par l'action de dieux. Vers -600 av. J.-C., un certain nombre de philosophes grecs (par exemple Thalès de Milet) commençaient à admettre que le monde pût être compris comme le résultat de processus naturels.

Certains reprirent la contestation de la mythologie amorcée par Démocrite concernant par exemple les origines de l'espèce humaine. Faute de matériel expérimental perfectionné et d'instruments précis de mesure du temps, la vérification expérimentale de telles idées était difficile sinon impossible. Il y eut quelques exceptions : par exemple Archimède décrivit correctement la statique des fluides après avoir remarqué un jour, si l'on en croit la légende, que son propre corps déplaçait un certain volume d'eau alors qu'il entrait dans son bain.
Un autre exemple remarquable fut celui d'Ératosthène, qui - persuadé pour d'autres raisons, dont les *éclipses de lune,* que la Terre était sphérique - parvint à calculer sa circonférence en comparant les ombres portées par des bâtons verticaux en deux points éloignés de la surface du globe. En appliquant le résultat des mêmes observations à une Terre *plate,* il en eût déduit la distance du soleil, ce qui nous rappelle que *toute interprétation s'appuie nécessairement sur des présuppositions antérieures* (voir inférence bayésienne).

Des mathématiciens grecs, dont à nouveau Archimède, ont songé à calculer le volume d'objets comme les sphères et les cônes en les divisant en tranches imaginaires d'épaisseur infiniment petite ; ce qui faisait d'eux des précurseurs, de près de deux millénaires, du calcul intégral. On connaît mal le détail des idées anciennes en physique et leurs vérifications expérimentales.

La quasi-totalité des sources directes les concernant a été perdue lors des deux grandes destructions de la bibliothèque d'Alexandrie. L'incendie de -48 a détruit plus de 40 000 rouleaux et 696 par le général `Amr ben al-`As qui présida à la destruction totale du fonds (hormis Aristote dont les rouleaux furent sauvés *in extremis* et clandestinement par des admirateurs de ses œuvres). En conclusion, on peut dire que la science moderne est née en Occident grâce à un long processus spécifique d'accumulation et de création. Afin de présenter un livre le plus complet possible sans qu'il soit de quelques milliers de pages, j'ai pris la décision de parler de la naissance de la science en commençant presque à la création du monde et m'arrêtant, avec difficulté, au début de la renaissance.

III - CHRONOLOGIE...

Il y a 2,7 millions d'années, les deux continents américains ont achevé leur jonction à l'isthme de Panamá, altérant les courants marins et donc le climat mondial. La Terre s'est refroidie, alternant des périodes glaciaires et interglaciaires. L'évolution humaine s'est inscrite dans ces cycles climatiques. L'avant-dernière glaciation s'est terminée il y a 120 000 ans, et après 40 millénaires d'interglaciaire, lui a succédé la dernière période glaciaire globale. À l'apogée de cette ultime glaciation, les côtes des océans étaient à 120 m en dessous de l'actuel niveau, une bonne partie des eaux de la planète étant piégées dans les calottes polaires et sur les reliefs montagneux. La fin de cette dernière glaciation s'est amorcée il y a un peu plus de 20 000 ans, et a duré approximativement dix millénaires.

Cette configuration géographique particulière a influencé le peuplement du globe par les Humains modernes, qui ont pu traverser à pied sec des étendues aujourd'hui submergées, mais ont tardé à s'aventurer vers un Nord alors couvert de glaces.

1 – CREATION de la TERRE

Big bang Environ - 15 milliards d'années

Tout d'abord, le fameux *Big Bang,* il y a 13,7 milliards d'années, puis la formation de notre système solaire, et donc de la Terre, il y a **4,55 milliards d'années**.

Pas de vie, mais une intense activité sismique et vulcanologique. La planète va très lentement se refroidir et une partie de l'eau qu'elle contient va se condenser dans l'atmosphère. Une importante couche nuageuse va se former autour du globe.

Formation de notre galaxie – 11 milliards d'années

Formation du système solaire et de la terre – 4,5 milliards d'années

Dans les océans, protégés des rayons ultraviolets par la couche nuageuse, la "vie" apparaît il y a environ-**3,85 milliards d'années**.

Cette première trace de vie unicellulaire est constituée de simples cellules d'organismes procaryotiques, les bactéries... Leurs descendantes sont toujours parmi nous...
Et l'on peut dire qu'elles sont vraiment les plus vieilles habitantes de notre planète !
Des structures bioconstruites apparaissent il y a 3,4 milliards d'années, les stromatolithes[4].
A noter, plusieurs scientifiques développent une théorie selon laquelle la vie se serait développée d'abord dans le sous-sol avant de remonter à la surface de la planète. Elle aurait ainsi progressé, protégée des attaques extérieures comme les pluies de météorites, la lave ou les rayons ultraviolets...

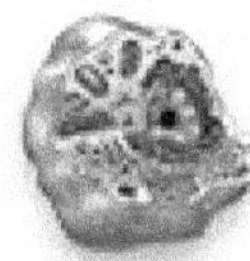
Cellule eucaryote

Il y a 3 milliards d'années
Ce sont les algues bleues qui se développent. Elles sont les premières à produire de l'oxygène par photosynthèse. Cet oxygène est à l'origine de la couche protectrice d'ozone autour de la Terre. **Dans des strates géologiques datant de - 2,1 milliard d'années.**
(Au Gabon) on à découvert les premières formes de vie complexes (pluricellulaires). Ce sont donc les premiers *eucaryotes* : des organismes dont les chromosomes sont protégés dans un noyau.

1 milliard d'années
Formation de l'atmosphère terrestre et de l'oxygène
4.600 millions d'années
Formation de la terre
Le Protérozoïque 2.500 à 544 millions d'années

[4] Un **stromatolithe** est une structure laminaire souvent calcaire qui se développe en milieu aquatique peu profond, marin ou d'eau douce Ils sont d'origine à la fois biogénique et sédimentaire.

Paléoprotérozoïque -2.500 à – 1.600

Cette époque est marquée par l'augmentation du taux d'oxygène, produit par des cyanobactéries.

Mésoprotérozoïque – 1.600 à – 1.000

Néoprotézoïque – 1.000 à – 635 Millions d'années

L'évolution de la vie sur Terre (ou plutôt dans les mers...) va s'accélérer, se multiplier, disparaître, se reformer différemment, bref, les formes de vie vont s'enchaîner à un rythme plus soutenu.

Entre - 600 et - 544 millions d'années

C'est la Faune d'**Ediacara** qui prospère : ce sont principalement des organismes avec un corps mou, sans squelette. Les traces qui nous en parviennent sont des empreintes de l'organisme laissées sur le fond de sédiments : sortes de méduses, coraux mous....

Le Phanérozoïque 544 millions d'années à nos jours

-544 à – 251 – premiers vertébrés, premiers poissons.

La Faune **Tommotienne**, vieille de 530 millions d'années est, quant à elle, caractérisée par l'apparition de parties solides chez plusieurs organismes. Elle ne durera "que" quelques millions d'années et l'on retiendra surtout des animaux en forme de tube, lame, coupole...

Apparue il y a 528 Millions d'années, la Faune de **Burgess** est d'une diversification et d'une richesse étonnante. Contrairement aux précédentes faunes, Burgess est représentée par des organismes très différents les uns des autres, dont certains ne ressemblent à rien de connu actuellement. La vie prend des formes

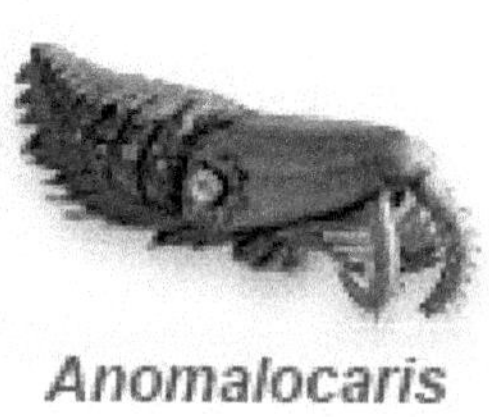

Anomalocaris

dignes de films fantastiques ! Cette faune disparaît presque en totalité il y a 510 millions d'années.
Première extinction de masse il y a 440 millions d'années (fin Ordovicien) qui touche principalement les brachiopodes et les trilobites.

Vers - 420 millions d'années,
Des vertébrés commencent à coloniser les océans. Différentes sortes de poissons vont évoluer, avec ou sans mâchoire, dotés d'une carapace, cartilagineux ou osseux...
La plupart de ces poissons ont disparu, sans descendance, mais on peut encore trouver le *cœlacanthe* dont les ancêtres étaient les crossoptérygiens.

Les plantes d'abord... 440 millions d'années
En arrière, le sol est colonisé par des végétaux comme des mousses ou des lichens qui poussent à proximité de l'eau.
Il faudra quelques millions d'années supplémentaires pour que ces premières plantes s'affranchissent de la proximité de l'eau en développant des racines. Les premiers animaux à se déplacer sur terre semblent être des arthropodes (famille des scorpions), des acariens, des myriapodes et d'autres insectes que l'on a retrouvés dans des couches géologiques datées de - 410 millions d'années. C'est véritablement il y a **375 millions** qu'on voit apparaître des modifications sur le squelette de certains poissons : les nageoires sont rigidifiées avec des éléments squelettiques. Dans un premier temps ces « débuts de pattes » devaient apporter un avantage décisif pour se déplacer dans un environnement boueux et saturé de morceaux de plantes. *Acanthostega gunnari* faisait certainement partie de ces premiers tétrapodes qui ont « sorti la tête de l'eau ». Deuxième extinction de masse (fin Dévonien) il y a

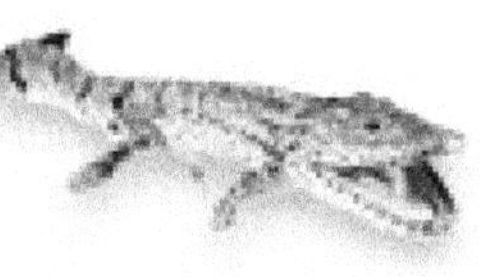
Acanthostega

365 millions d'années, où de nombreux ammonoïdes, brachopodes et poissons disparaissent.

Il faut attendre - 360 millions d'années pour qu'apparaissent des animaux capables de se déplacer véritablement sur terre...des sortes de reptiles colonisent les terres émergées.
Sur la planète, tous les continents sont réunis en une unique masse continentale, la Pangée (-300 millions).

Mésozoïque -251 à – 65,5 – Début du règne des dynosaures
La plus importante des extinctions de masse (Permien-Trias), et la troisième, à lieu il y a **250 millions d'années**. D'après les fossiles retrouvés, les scientifiques estiment que presque 90% des espèces auraient été éliminées. Si les trilobites ont définitivement été rayés de la carte, d'autres espèces ont subi des pertes importantes comme les vertébrés, les coraux et les céphalopodes...

Rugosodon eurasiaticus

Il y a 230 millions d'années, Les premiers mammifères

Les premiers dinosaures se développent pour un règne qui va durer pendant plus de 160 millions d'années... Parmi eux, *Coelophisis* l'un des plus anciens dinosaures connus qui vécu entre - 230 et -205 millions d'années. C'est à partir des reptiles mammaliens qu'émerge la branche des mammifères, il y a environ **- 225 millions d'années**.
A cette époque, un seul prétendant au titre de premier ancêtre des mammifères, *Adelobasileus,* un petit animal de 10 à 11 cm de long, qui devait se nourrir d'insectes ; les caractéristiques principales étant le sang chaud et les poils.
Avant-dernière extinction de masse...

Vers - 200 millions d'années,
Une baisse du niveau des eaux, une énorme explosion volcanique ou un événement extra-terrestrre sont peut-être à l'origine de la quatrième extinction en masse (Permien-Trias-Jurassique) de nombreuses espèces.
Les océans se vident de leur faune, et seuls quelques reptiles mammaliens survivent... Les continents commencent à s'écarter progressivement les uns des autres, séparant ou isolant des espèces qui vont évoluer différemment.

Tyrannosaurus rex

Les sauropsides. Eh oui, c'est le temps des dinosaures... qui vont dominer la Terre pendant plus de 160 millions d'années. Ils occupent le terrain avec les crocodiles, les serpents et les lézards. Entre les pattes des gros dinosaures les mamifères, de très petite taille (comme celle d'un rat) semblent avoir trouvé une niche écologique.

Cénozoïque -65,5 – Disparition des dynosaures.
Mais une intense activité volcanique et une énorme météorite qui heurte la Terre au Yucatan (Mexique actuel) vont avoir raison des dinosaures géants et d'un grand nombre d'espèces.

Il y a 65 millions d'années... ...
C'est la cinquième extinction de masse (limite Crétacé tertiaire) qui va éradiquer 70% des espèces.
La montée en puissance des mammifères
Sans que la disparition des dinosaures ne soit forcément la seule raison, les mammifères vont prendre possession du terrain en 10 millions d'années et conquérir de nombreuses niches écologiques, en multipliant les espèces. C'est égalcment à partir de ce moment que les mamlifères vont véritablement croître en taille et que les placentaires vont se développer.

C'est vers - **60 millions d'années** qu'on retrouvre les premières traces de primates ou protoprimates. Le plus ancien à ce jour est l'*Altiatlasius*, qui a été découvert dans le sud du Maroc. D'un poids estimé de 120 grammes, *Altiatlasius* ne laissait pas présager la diversite et la taille de l'évolution de cette famille...

Et l'homme dans tout ça ???

2 – PREHISTOIRE *de -7 millions à – 10.000*

Premiers hominidés : Australopithèques

Et bien l'homme, il prend son temps... et les premiers hominidés ne datent que de **- 7 millions d'années**... Le titre de plus ancien hominidé est actuellement détenu par *Sahelanthropus tchadensis*, qui vivait dans ce qui est l'actuel Tchad. *Toumaï* : son surnom est bien trouvé, car il veut dire "Espoir de vie" dans un dialecte tchadien. Pour l'instant, une quinzaine d'espèces d'hominidés ont été décrites.

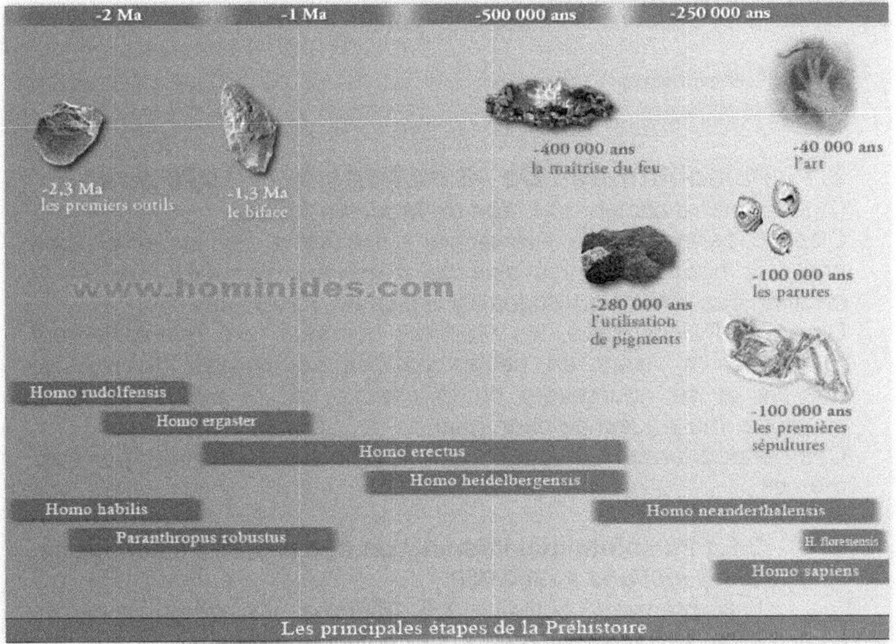

Les principales étapes de la Préhistoire

Avant d'évoquer nos ancêtres directs il est bon de rappeler que l'homme est un primate, et, à ce titre nous partageons avec les grands singes un ancêtre commun... Nous ne descendons donc pas du singe, c'est juste un cousin.... un peu éloigné !
Les premières découvertes ne peuvent pas être définies comme de la science mais de la technique. En se basant sur l'art pariétal, de nombreux historiens pensent que l'homme du Paléolithique avait les mêmes facultés cognitives que l'homme moderne. L'homme préhistorique savait naturellement calculer ou déduire des comportements de l'observation de son environnement. Ceci est la base du raisonnement scientifique.
La préhistoire se découpe en 2 grandes parties très inégales :

Le Paléolithique
Le Néolithique

2.1 - Paléolithique *De –3 millions à – 10.000 ans*

(Age de pierre ancienne) ***L'âge de la pierre taillée***
C'est la période de la Préhistoire qui s'étend de l'apparition des premiers hommes, il y a plus de 3 millions d'années, jusqu'à la création des premiers villages il y a plus de 10 000 ans.
Durant le Paléolithique, les premiers hommes sont principalement nomades. Ils vivent en petites bandes composées de peu de familles et se nourrissent de la chasse, de la pêche et de la cueillette, mais aussi de charognes.
Ces bandes forment des petits clans qui doivent subsister par eux-mêmes.

2.1.1 Paléolothique inférieur *ou très ancien Paléolithique, De -3 millions à -300.000*

Les premiers outils - **2,5 Millions d'années,** puis les premiers bifaces vers - **1,3 millions d'années,** l'une des premières preuves de l'activité humaine qui soit parvenue jusqu'à nous est l'industrie lithique[5]. Il faut noter que cela est dû principalement à la matière dure des objets qui a pu résister au temps. Rien ne prouve que nos ancêtres n'aient pas utilisé auparavant des matières plus fragiles comme le bois ou les végétaux... Nous ne pouvons nous baser que sur les éléments solides qui ont persisté.

Oldowayen de -3 millions à -1,6 millions
-2.500.000 ans : Apparition de l'Homo habilis
Utilisation des premiers outils

L'homme adroit ou homme habile, dit **Homo habilis,** est considéré comme l'un des tous premiers représentants de l'espèce humaine.

[5] En archéologie préhistorique, l'industrie lithique désigne l'ensemble d'objets en pierre transformés intentionnellement par les humains.

Il est apparu il y a plus de 2,5 millions d'années dans l'est de l'Afrique et a vécu jusque 1,8 millions d'années et est le premier à se servir d'outils. Il était de petite taille (entre 1,20 m et 1,50 m) et pesait entre 30 et 40 kg.

L'Homo habilis se tenait déjà debout, ne savait pas parler et s'exprimait à l'aide de grognements, comme les animaux. Il vivait en petits groupes dans des abris rudimentaires ou dans les arbres afin de se protéger des prédateurs. Il se nourrissait essentiellement de racines, de baies sauvages, d'insectes, de coquillages ou encore de charognes ; Il pratiquait essentiellement la cueillette pour se nourrir.

L'Homo habilis fut le premier à se servir d'outils, notamment des pierres taillées, pour dépecer des animaux ou briser des os. C'est pourquoi la période où il vécut se nomme le paléolithique (âge de la pierre taillée).
L'Homo habilis est un nomade qui vit en petits groupes qui se déplacent pour chercher la nourriture.

- Acheuléen de -1,6 millions à -300.000

L'homme debout, ou **Homo erectus,** est apparu il y a deux millions d'années en Afrique. De là, il part vers d'autres continents, à la recherche de proies devenues rares suite à l'assèchement du climat. Il avait une taille moyenne de 1,60m pour un poids de 60 kg.

L'Homo erectus est un grand voyageur. Il vit en Afrique, en Europe et en Asie. Il taille des silex de façon plus précise et se sert d'outils de plus en plus perfectionnés. S'il est assez

fréquent de retrouver des traces calcinées, il est beaucoup plus difficile de déterminer si celles-ci sont les restes d'un incendie ou d'un foyer entretenu.

Les premières traces de foyer maîtrisé remontent à 400 000 ans sur le site de Zhoukoudian en Chine, mais un autre site à Gesher Benot Ya'aqov, daté de 790 000 ans, présente également des traces de combustion... feu involontaire ou foyer ?

Il y a **400 000 ans**, l'Homo Erectus découvre le feu et va parvenir à le maîtriser. Le feu va permettre aux premiers hommes d'éloigner les prédateurs, de durcir le bois des lances, de cuire la viande et ainsi de la rendre plus digeste. Cela permet également de se réchauffer, mais aussi de veiller plus longtemps en profitant d'un éclairage artificiel. L'habitat de l'Homo erectus va également évoluer. Il commence à vivre à proximité des lacs ou des rivières dans des huttes faites de branches ou d'ossements d'animaux recouvertes de peaux.
La découverte des lances lui permet de chasser des animaux plus gros comme le mammouth, le bison ou le renne. Leurs campements pouvaient être de plein air, à l'abri de falaises ou à l'ouverture de grottes. Les outils que les hommes fabriquent alors sont taillés dans la pierre, mais aussi dans l'os et certainement dans le bois (malheureusement, ces deux derniers matériaux, fragiles, n'ont pas résisté à la dégradation au cours du temps). Leur forme a considérablement varié.

-300.000 ans Utilisation des pigments

On commence à retrouver des pigments (dont de l'ocre rouge) sur des sites occupés par les hominidés il y a 300 000 ans. Pour être étalé, le pigment a été préparé ou mélangé avec d'autres matières.

On suppose que ces pigments ont d'abord été utilisés pour protéger l'épiderme ou tanner les peaux avant de servir de décoration du corps ou d'objets.

2.1.2- Paléolothique moyen de -300.000 à -35.000

-200.000 ans Apparition de l'Homo sapiens

L'homme savant ou **Homo sapiens** est apparu il y a environ 200.000 ans, c'est l'ancêtre directe de l'homme moderne qui se répand sur tous les continents. L'examen des crânes nous permet de savoir qu'il possédait un langage verbal ; ses outils deviennent de plus en plus performants. Il n'y a que des traces des croyances et de la culture de l'Homo sapiens.
La signification des menhirs, dolmens et autres alignements de pierres reste encore mystérieuse aujourd'hui. l'Homo sapiens se distingue de ses ancêtres principalement dans le domaine de l'art (sculpture d'os et peintures sur les parois des grottes). Ces peintures rupestres représentent encore aujourd'hui une énigme.

Vers – 160 000

Les plus anciennes inhumations détectées. Dans les millénaires qui suivent, Neandertal aussi enterre ses morts, de l'irak (shanidar) à l'europe occidentale.

Dès le Paléolithique moyen (-200000--35000), le débitage des pierres se perfectionne substantiellement, les premières sépultures apparaissent. Avec le Paléolithique supérieur (-35000--8000), s'épanouissent des civilisations, si la notion de civilisation se définit par la capacité à produire des œuvres artistiques. Ce sont notamment la période solutréenne, -19000--15000 (outillage d'une grande beauté, aiguille à chas), puis l'apogée de la magdalénienne (-15000--8000), avec les peintures animalières des grottes d'Altamira (Espagne) et de Lascaux (Dordogne).

En quelques dizaines de milliers d'années, la population humaine s'accroît de manière vertigineuse : en -100000, environ 10 000 hommes concentrés en Afrique; en -30000, 500 000 hommes dispersés sur une grande partie de l'Afrique et de l'Eurasie (l'Amérique étant encore vide d'hommes).

Or, pendant des millions d'années, une mégafaune s'est multipliée. L'Eurasie héberge toutes sortes de colosses : rhinocéros, éléphants, tigres... L'Australie/Nouvelle-Guinée accueille des kangourous géants, des léopards marsupiaux, des autruches de plus de 200 kilos, d'énormes reptiles. L'Amérique est parcourue par des troupeaux d'éléphants et de chevaux, chassés par des lions et des guépards. Entre -30000 et -10000, ces espèces disparaissent en Eurasie. Entre -14000 et -8000, c'est au tour de l'Amérique. Choc de glaciations répétées? Ou avidité insatiable des hommes de plus en plus nombreux chassant aisément des animaux dépourvus de toute méfiance? Il n'y a aucune explication certaine de cette extinction.

Entre – 120 000 et – 75 000

A Blombos (aujourd'hui Afrique du sud), gravure sur ocre et broyage en grande quantité de ce matériau ornemental, utilisation de coquillages percés et enfilés en collier, donc démonstrations multiples de préoccupations symboliques.

Premières sépultures et premières parures - 100 000 ans.

Premières preuves d'une certaine culture, les premières sépultures volontaires ont été mises à jour à Skhul et Qafzeh, en Israël, ainsi qu'à Qena en Egypte. Elles sont datées de - 100 000 ans.

C'est la position recroquevillée des corps ainsi que la présence d'éléments rajoutés qui permet d'affirmer qu'il s'agit bien de sépultures intentionnelles.

-80.000 ans Les morts sont enterrés

C'est au Paléolithique que les Homo sapiens commencent à enterrer les morts pour les protéger des charognards. A cette période ils décorent les sépultures des personnages importants avec des parures faites d'os ou de coquillages.

Dans la dernière période du Paléolithique, les premiers hommes décorent les parois des grottes de dessins gravés ou peints. Aujourd'ui encore nous avons des difficultés à en comprendre la signification.

Des tracés géométriques à Blombos - 75 000 ans.

Des fragments d'ocres ont été retrouvés dans la grotte de Blombos (Afrique australe) présentant des traces d'utilisation, mais surtout des motifs géométriques gravés (des croisillons).

Datés de 75.000 ans, ils sont donc les plus anciennes représentations artitisques connues. Ils font encore l'objet de contreverses.

Vers -75 000

Pour certains généticiens, la lignée des Humains modernes, peut-être concentrée en Afrique, traverserait un goulot d'étranglement. Seuls survivraient quelques milliers d'individus, dont nous serions les descendants. Cette hypothétique quasi-extinction pourrait être liée à une catastrophe naturelle, telle l'explosion du supervolcan Toba, en indonésie.

Vers -72 000

A Pinnacle Point (Afrique du sud), fabrication des plus anciens microlithes[6] connus.

[6] Le mot **microlithe** en archéologie préhistorique, désigne un petit outil de pierre taillée, réalisé sur lamelle et utilisé comme armature.

Entre - 60 000 et - 50 000

Arrivée des humains sur le continent de Sahul (Australie, nouvelle-Guinée et Tasmanie), impliquant la traversée de bras de mer, donc la construction d'embarcations. Les animaux de plus de 50 kg disparaissent tous, probablement à la suite de leur chasse.

Le centre de sahul se transforme en steppe, provoquant l'extinction des grands herbivores qui nettoyaient le couvert végétal, régulant les incendies naturels.

A partir de - 50 000

L'aiguille à chas permet la confection de vêtements chauds. Arrivée de sapiens dans les Amériques, probablement depuis la sibérie. Traces attestées à Pedra Furada (Brésil.)

Art préhistorique - 40 000 ans
Explosion de l'art préhistorique il ya 40 000 ans. La grotte Chauvet ou l'abri Cellier, par exemple, montrent la richesse de cet art en utilisant la gravure de la roche mais aussi la peinture des parois. La datation des oeuvres peintes est toujours compliquée car elle peut impliquer de prélever des pigments afin d'en effectuer l'analyse.

Vers - 40 000
Traces de peintures rupestres (sur falaises) en Australie (Carpenter's Gap) et pariétales (en grottes) en espagne (nerja) et indonésie (maros). Arrivée de l'Humain moderne en europe.

2.1.3 Paléolithique supérieur *de -35.000 à -10.000*

- Chatelperronien -35.000 à -32.000
- Aurignacien -32.000 à -24.000
- Gravettien -24.000 à -22.000
- Solutréen -22.000 à -19.000
- Magdalenien *-19.000 à -10.000*

-32.000 ans L'**astronomie.**
Les indentations gravées sur un os d'aigle mis au jour dans l'abri Blanchard correspondraient à des notations lunaires : leur nombre et leur position pourraient être mis en rapport avec les lunaisons.

Vers – 31 000,
Quinze millénaires avant Lascaux (France), dix avant Altamira (espagne), la grotte Chauvet (France) est ornée d'un important ensemble de peintures par des Humains modernes. Chien domestique attesté à Razboinichya (Russie). Selon des études génétiques, le loup gris aurait été domestiqué il y a 100 000 ans.

Vers -29 000 à – 22 000 ans,
Débitage de lames en silex très rectilignes, utilisées pour réaliser des pointes de projectile à dos rabattu rectiligne, appelées « pointes de la Gravette ». Egalement figurines anthropomorphes dites « Vénus », grottes ornées de mains négatives (Pech Merle, Gargas).

Vers - 28 000,
A Sungir (Russie), des chasseurs-cueilleurs résident dans de grandes maisons, dégagent des surplus de chasse qu'ils conservent par fumage, et enterrent certains de leurs morts avec d'importantes richesses. Dans le tombeau d'un homme et de deux enfants ont été retrouvées 10 000 perles d'ivoire ayant nécessité un total de 10

000 heures de travail. C'est la première trace nette de sédentarité et d'inégalités sociales, alors que disparaissent à Gibraltar les derniers néandertaliens.

-26 000 ans ;
Découverte dans la grotte Chauvet de traces d'un enfant accompagné d'un canidé. Début probable du domptage des chiens.

De -21 000 à -11 000.
D'israël à la syrie centrale s'épanouissent des villages permanents, dont l'économie repose sur une abondante collecte de blés et orges sauvages, comme à ohalo ii, en bordure du lac de Galilée,

-20.000 ans Les **OS d'ISHANGO**
la richesse d'un site archéologique
En 1950, Jean de Heinzelin, chercheur à l'Institut Royal des Sciences Naturelles de Belgique, mandaté par les Parcs nationaux belges en Afrique, est chargé d'une expédition de fouilles à Ishango, sur une terrasse fossile de la rivière Semliki, à l'embouchure du Lac Edouard (Congo).

Le site n'est pas choisi au hasard, d'autres chercheurs y avaient déjà effectué divers sondages en 1935, découvrant de manière séparse divers harpons en os et une mandibule d'hominidé.
Deux tranchées perpendiculaires d'une vingtaine de mètres de long sont creusées par de Heinzelin et son équipe, qui mettent au jour des outils en quartz blanc translucide, des harpons en os, des coquillages, des os et le désormais célèbre bâton d'Ishango. Cet os travaillé est en fait le seul parmi l'ensemble des vestiges découverts à porter des séries d'encoches gravées selon un rythme ordonné.
Comme les autres outils, il a été fabriqué sur place : un os allongé, provenant d'un animal que l'on n'a pas pu identifier,

a été raclé et taillé. A l'une de ses extrémités, on a enchâssé un très petit fragment de quartz, pour en faire sans doute un instrument coupant mais dont la fonction demeure un mystère.
Les différents objets trouvés à Ishango dans la même couche géologique que le bâton permette d'affirmer qu'une véritable culture (civilisation) élaborée s'est développée sur ce site.

Egalement appelés bâtons d'Ishango, sont des artéfacts archéologiques découverts dans l'ancien Congo belge. Selon certains auteurs, il pourrait s'agir de la plus ancienne attestation de la pratique de l'arithmétique dans l'histoire de l'humanité. On les a considérés d'abord comme des bâtons de comptage mais certains scientifiques pensent qu'il s'agirait d'une compréhension bien plus avancée que le simple comptage.

Leur analyse a permis de se faire une idée plus précise du mode de vie et des techniques de ceux qui ont gravé le bâton.

Cette analyse reste cependant parcellaire car les habitants d'Ishango, peuple de pêcheurs sédentaires ou semi-sédentaires, devaient posséder bien plus que ce qui fut découvert, notamment des radeaux, des cordes et beaucoup d'autres choses fabriquées en bois, en peau, en matières végétales.

Les outils en pierre retrouvés - surtout des grattoirs et des racloirs de petites dimensions, assez frustes et atypiques -

ont été fabriqués dans un matériau local, un quartz blanc trouvé au bord de la rivière.

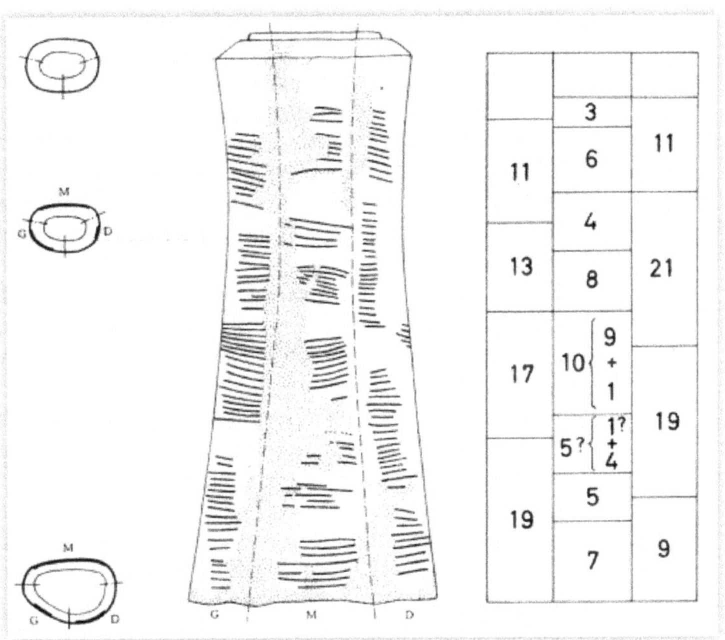

Les fouilles ont permis de découvrir un remarquable ensemble de harpons et de pointes barbelées, plus faciles à dater. Trouvés dans différentes strates géologiques, ils retracent une évolution technologique frappante, passant de deux rangs de barbelures opposées à un simple rang. Notons que le bâton gravé fut découvert dans la même couche que les harpons à deux rangs et doit donc dater de la même période : le Paléolithique supérieur.

Plus récemment, dans les années 80, de nouvelles analyses au Carbone 14, ainsi que d'autres méthodes physico-chimiques ont été appliquées au matériel archéologique et ont confirmé le premier résultat.

Et si les mathématiques étaient nées, il y a 20 000 ans sur les rives des Grands Lacs africains ? Depuis sa découverte, le bâton d'Ishango ne cesse de fasciner les archéologues. C'est un petit os d'environ 10 cm, allongé, légèrement arqué, presque symétrique, régularisé aux extrémités. Sur trois de ses faces, les mieux conservées, divers groupes de traits incisés transversalement.

Mais quel était son usage exact ? Etait-ce un calendrier ? Un instrument destiné à partager la pêche du jour ? Un objet magique ou divinatoire ? Un instrument mnémotechnique ? Ou tout autre chose ?

Beaucoup de chercheurs, qui se sont penchés sur le bâton, ont en fait émis l'hypothèse qu'il s'agirait d'un objet mathématique, qui plus est du plus vieil objet mathématique connu. On peut ainsi voir dans chaque groupe de traits une énumération simple : un ensemble de 3 traits correspond au chiffre 3, 8 traits au chiffre 8, etc.

On peut facilement schématiser le développement du bâton en le divisant en autant de cases qu'il y a de groupes et en substituant dans chacune de ces cases des chiffres arabes au lieu de la juxtaposition des traits...

Une série de relations internes font de ce tableau un jeu passionnant dont on n'est pas sûr d'avoir épuisé toutes les combinaisons : duplication des nombres, produits égaux à des sommes, sommes égales à des nombres premiers, sommes égales à la table de 4, addition de colonnes égales à 60, etc...

Comment ces notions mathématiques développées par la culture d'Ishango se seraient elles diffusées vers les berceaux traditionnels des mathématiques ? A nouveau, les harpons découverts en même temps que le bâton, offrent quelques indices à notre imagination.

En effet le modèle de harpons découvert sur le site semble s'être diffusé à partir de la région des Grands Lacs, tant vers l'ouest que vers le nord, soit vers le Soudan et surtout l'Egypte, en empruntant le Nil.
Mais la vigilance s'impose, lorsqu'on examine l'ensemble de ces relations, on n'y trouve aucune règle absolument régulière, capable d'entraîner l'adhésion totale à l'hypothèse arithmétique. Cependant les relations arithmétiques mises au jour permettent difficilement d'échapper à l'idée que l'on a là le témoignage d'une intention mathématique.
En outre, on ne trouve aucun équivalent de ces relations dans les marques de chasse, marques de carriers, de bûcherons, de transporteurs, que l'on trouve parfois sur les objets archéologiques.
L'hypothèse est donc fascinante mais elle doit rester avant tout, faute d'autres preuves, sujet de méditation.

Israël : plus ancien ramassage de graines d'herbes sauvages pour ce qui est les prémices de l'agriculture à Ohalo. Cabane de Mezhyrich en Ukraine, composée de 385 os de mammouth assemblés comme un igloo de 6 mètres de diamètre et 2,8 mètres de hauteur.

-18 000 ans.
Solutréen, taille du silex particulièrement sophistiquée (production de feuilles de laurier), aiguilles en os, multiplication des outils, apparition du propulseur. Plaquettes gravées et peintes (Bourdeilles, El Parpallo).Bas-reliefs sur plaquettes (Kostienki).
Sanctuaires à la lumière du jour et blocs sculptés en bas-relief (Roc-de-Sers, Bourdeilles). Début des techniques de filage et possible apparition des premiers arcs.

Poterie (céramique à des fins utilitaires, attestant de la maîtrise des procédés de cuisson) en Chine, grotte de Xianren.
D'autres découvertes, en Chine, Australie, Russie et Japon, prouvent que la poterie et la pierre polie ont par endroit précédé le néolithique de plus de 10 000 ans.

-17 000 à -10 000 ans.
Magdalénien : cueillette, chasse et pêche facilitées par un outillage diversifié : outillage d'os et d'ivoire, harpon, flèche, sagaie, arc.
Le propulseur se généralise. Récipients et lampes. Profusion d'objets décorés, objets de parure, plaquettes gravées : bas-reliefs d'Isturitz, évolution vers le schématisme en matière de décoration. Amélioration de l'habitat sous roche. Campement de Pincevent.

Multiplication des sanctuaires : Lascaux, abri de la Madeleine, Font-de-Gaume, Altamira, etc.
Des chasseurs-cueilleurs exploitent un milieu riche en ressources halieutiques, résident dans des villages permanents, maîtrisent la sylviculture, défrichent à l'aide de haches en pierre polie et cuisent la poterie.

Entre - 15 000 et - 5 000.
Disparition de l'essentiel de la mégafaune en Amérique du Nord et du Sud, du mastodonte au paresseux géant. Vers - 11 000, les humains ont peuplé les Amériques jusqu'en Patagonie.

-14 500 – 11 500.
Au Levant : culture natoufienne : lames de faucille en silex et des outils de broyage, polissage de la pierre, premiers villages occupés de manière permanente.

Vers -15000, commence un important réchauffement climatique. Les températures augmentent, le niveau des océans monte. Le pont de Behring est submergé, l'Angleterre devient une île, l'Afrique se trouve séparée de l'Europe par le détroit de Gibraltar. Ainsi se forment les conditions écologiques rendant possible l'homme d'aujourd'hui.

La croissance et la pression démographiques interviennent également : -28000, quelques centaines de milliers d'hommes ; -10000, 6 millions. Ces chiffres suggèrent à la fois une amélioration substantielle de la vie des hommes mais aussi un accroissement massif de la demande, appelant de nouveaux rapports entre l'homme et la nature. Cueillette et chasse reculent au profit de l'agriculture et de l'élevage.

L'archéologue australien Vere Gordon Chlide (1892-1957) parle de « révolution du Néolithique » (*Man Makes Himself*, 1936). En quelques millénaires, l'homme, ou plutôt des hommes changent radicalement de mode de vie : ils se sédentarisent, se regroupent dans des villages, exploitent la terre, s'attachent des animaux (chèvres, moutons...), inventent céramique et métallurgie.

- 14 000 / - 13 500 ans. Moyen-Orient :
Développement de la culture kébarienne ; premières maisons rondes isolées.

-13 000 / - 12 500 ans. Chili :
Village du paléolithique récent à Monte Verde, dans le Chili méridional, bien conservé dans les tourbières ; restes de poutres en bois, d'objets, de nourriture et de médicaments. Il suggère une bonne connaissance de la région par ses habitants.

-12 000 ans.
Haute-Égypte et Nubie : utilisation des premières meules pour la fabrication de la farine à partir de graines d'herbes sauvages.
Iran : Signe de protoagriculture et de protoélevage du mouton à Zawi Chemi Shanidar dans le Zagros. Élevage de chèvres à Ganj-i Dareh en Iran.

-11 400. Cisjordanie :
Des restes de neuf figues parthénocarpiques — c'est-à-dire ne produisant pas de graines et dont l'intervention de l'homme était nécessaire à sa culture en recourant à des boutures ont été découvertes à Gilgal, au nord de Jéricho, dans la vallée du Jourdain. Il semble que le fruit ait été séché pour être mangé, ce qui en ferait la plus ancienne trace d'agriculture observée à ce jour.

-10 500 ans. Japon :
Première et plus ancienne époque de fabrication de la céramique connue dans le monde par les peuples Jomons, retrouvée sur le site de la grotte de Fukui.

2.2 - Mésolithique *de – 10.000 à – 6.500*

Des chasseurs-cueilleurs exploitent un milieu riche en ressources halieutiques, résident dans des villages permanents, maîtrisent la sylviculture, défrichent à l'aide de haches en pierre polie et cuisent la poterie.

Entre - 15 000 et - 5 000. Disparition de l'essentiel de la mégafaune en Amérique du Nord et du Sud, du mastodonte au paresseux géant. Vers - 11 000, les humains ont peuplé les Amériques jusqu'en Patagonie.

-10 000 ans.
Le développement de communautés agricoles spécialisées va entrainer des recherches dans le besoin de stockage (céramique, vannerie) et des demandes dans les échanges commerciaux (troc, premières monnaies d'échange, produits de luxe, obsidienne, pierres semi-précieuses).
Proche-Orient : Utilisation du plâtre (cuisson entre 100 °C et 200 °C) et de la vaisselle blanche. Technique de la chaux (cuisson entre 750 °C et 850 °C) à Beidha, dans le Néguev. Essai de cuisson de la terre à Mureybet, sans lendemain.

-9 000 ans. Domestication possible du mouton en Irak du Nord. L'amélioration des outils, l'invention du tissage, de la poterie ou de la roue permettent le développement des premières grandes civilisations notamment au Moyen-Orient et en Égypte.
Anatolie : Découverte du plâtre. Des enduits de plâtre et chaux étaient utilisés comme support à des fresques de la civilisation de Çatal Hüyük.
Anatolie, Mésopotamie : Prémices de la métallurgie (perles de Plomb et Cuivre). Invention de la charrue : l'araire, qui fend le sol sans retourner la terre. Tiré par des bœufs, cet outil en bois remplace le bâton à fouir. - Fabrication de poteries - Tissage.

- 8 800 / - 8 700. Diversification des pratiques architecturales.

Jéricho

La plus vieille ville du monde, Jéricho, est édifiée vers -8000 sur la rive occidentale du Jourdain. Elle est entourée par une formidable muraille (plus de 3 mètres de largeur) que, selon la Bible, les trompettes de Josué auraient fait tomber. Les habitants de Jéricho sont à la fois des agriculteurs (blé, orge, lentilles...), procédant à des rotations de cultures, et des éleveurs (moutons, chèvres). Le commerce est déjà intense : obsidienne de Turquie, turquoise du Sinaï, coquillages de la Méditerranée et de la mer Rouge.

Abandon du plan circulaire, remplacé par le plan rectangulaire, susceptible d'extension (Mureybet, Sheikh Hassan). L'usage des sols de chaux, apparu à Beidha, se répand très vite.
À Beidha et à Basta (Palestine), à Çayönü (Taurus) se développent des maisons rectangulaires à étage : en soubassement des murs de pierre aménage des espaces (alvéoles, petites pièces, couloirs étroits) servant sans doute au stockage des denrées ; au niveau supérieur, très nettement au-dessus du sol, se trouve un niveau d'habitation, peut être construit en matériaux plus légers.

-8 000 ans. Proche-Orient : le site ancien de Jéricho, qui est occupé depuis au moins un millénaire, s'étend sur 1,6 hectare.

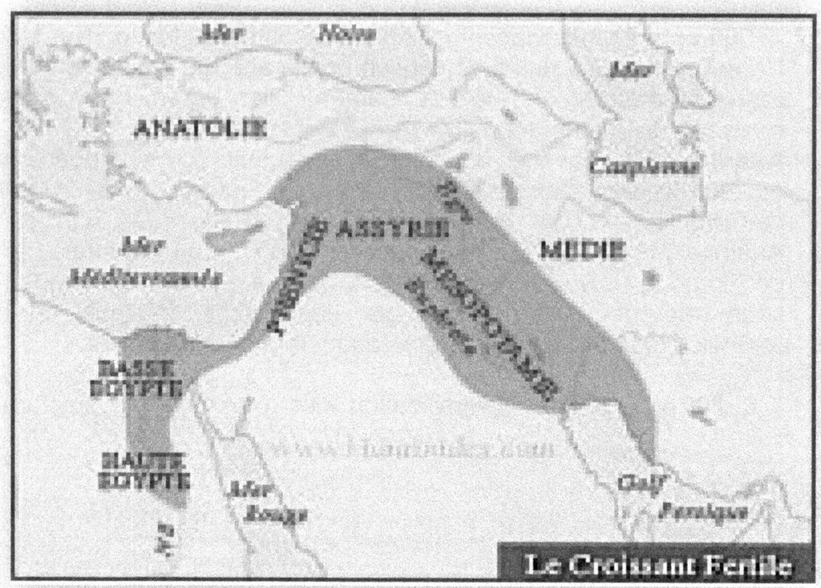

Le Croissant Fertile

Pour assurer sa sécurité, la communauté d'agriculteurs édifie une enceinte de pierres de 3 mètresd'épaisseur, renforcée par une tour de pierres, haute de 9 mètres et dotée d'un escalier intérieur à vis.

C'est tout d'abord au Moyen-Orient que nous retrouvons les premières traces du Néolithique. La zone formée principalement par les actuels Israël, Cisjordanie et Liban est appelée le **croissant fertile.** Elle bénéficiait à l'époque de conditions climatiques clémentes (réchauffement) qui ont favorisé l'essor de nouvelles technologies, particulièrement dans l'agriculture.

- 7000 / - 6900. Proche-Orient : Sur le site ancien de Jéricho, occupé depuis 2000 ans et fortifié depuis 1000 ans, se développe une religion, attestée par des crânes « surmodelés » dont les traits reproduisent ceux des ancêtres vénérés.

Anatolie : Fondation de Çatal Hüyük dans la plaine de Konya, sur les bords de la Çarşamba. C'est le plus grand site néolithique du Proche-Orient, célèbre pour son impressionnante architecture de briques crues, son artisanat, et son art développé.

- 6900 / - 6800. Samarra : Techniques d'irrigation par canaux : les crues du Tigre sont utilisées pour arroser des champs de blé, d'avoine, d'orge et de lin. Premières traces de techniques de calcul.

La Chine

Vers -7000, se développent en Chine trois foyers distincts de mise en culture des plantes et de domestication des animaux :

- **En Chine du Sud (provinces contemporaines : Fujian, Guangdong, Guangxi), poteries incisées, disques de pierre polie, pointes de flèches et harpons en os ont été découverts** dans une vaste zone s'étendant jusqu'au Tonkin (Vietnam).
- **En Chine centrale, la civilisation de Longshan (province de Shandong) repose sur la culture du riz.** Elle fabrique notamment des poteries noires, soigneusement polies.
- **Dans la partie centrale de la Chine du Nord (Shaanxi, Shanxi), la civilisation de Yangshao développe la culture du millet.** Toutes sortes d'outils agricoles ont été retrouvées : houes en pierre polie, couteaux pour les moissons, meules... Il y a des chiens et des cochons domestiques. La poterie est très variée, avec des dessins stylisés (spirales, motifs géométriques...). Dès cette époque, apparaît la sériciculture, l'élevage des vers à soie, monopole de la Chine pendant des millénaires, convoité par l'autre côté du monde, notamment par Rome, jusqu'au vol des précieux vers par deux moines envoyés en Chine par l'empereur byzantin Justinien Ier (482-565).

Ces foyers sont très probablement en contact, interagissant les uns sur les autres.

2.3 - Néolithique

De – 6.500 à 4.000 en Proche Orient et de -4.500 à – 1.800 en Europe
(Age de pierre nouvelle – pierre polie)
Avant la pierre était simplement taillée. Progressivement ce travail s'est affiné pour aller jusqu'à de la pierre polie. C'est pourquoi on appelle parfois cette époque « âge de la pierre polie », mais le nom général est Néolithique, qui signifie « nouvelle pierre » en grec ancien.

Ancien -6.500 à -5.300

- **6500-6300** Production possible du plomb et du cuivre à Çatal Hüyük.
- **6200 -** Elevage à Nea Nikomédia de la chèvre, du mouton, du porc et du bœuf. Poterie à Sesklo et à Nea Nikomédia. Fabrication de poteries - Apparition de four en argile. Début de l'utilisation du pétrole ; les civilisations mésopotamiennes s'en servaient comme produit pharmaceutique, cosmétique, comme combustible pour les lampes à huile et dès 6000 av. J.-C. pour le calfatage des bateaux. Les Égyptiens employaient de l'asphalte pour la momification.
- **6 000 ans**. Apparition des premières plantes cultivées au Mexique. Généralisation de la céramique en Anatolie, en Iran, en Syrie et en Thrace. Travail de la laine à Çatal Hüyük. Sédentarisation en Mésopotamie, Syrie, Liban, Anatolie, Macédoine, Théssalie.
Acropoles de Dimini et de Sesklo (Grèce)

- Moyen -5.300 à -4.500

- 5.300 à 4.500 ans avant J.C. des hommes en Asie s'aperçoivent qu'en faisant fondre certaines roches, en réalité du minerai, ils obtiennent un matériau mou et malléable à chaud qui devient très dur et résistant en refroidissant.

Quand il est bien modelé à chaud, ce matériau rend plus de services que la pierre taillée ou polie. Le premier métal qu'apprennent à travailler les hommes est le bronze. C'est ainsi qu'après l'époque Néolithique vient l'Âge des métaux.
La Protohistoire [7] commence au tout début de l'économie de production. Elle s'intercale entre la fin de la Préhistoire et l'Antiquité en intégrant le Néolithique et les âges des métaux pour les populations sans écritures avérées : Âge du cuivre, Âge du bronze et Âge du fer. La Protohistoire est caractérisée par une structuration croissante de la société (modification de l'habitat, agglomération, socialisation avancée, hiérarchisation, pouvoir administratif,économie avancée, monnaie.

Elle apparaît par exemple au IIIe siècle en Gaule : échanges commerciaux...) et par une maîtrise progressive de la métallurgie à partir de la fin du Néolithique. Elle s'intercale dès lors entre :
D'une part, la Préhistoire qui la précède et concerne les populations dont la subsistance est assurée par la prédation : groupes de chasseurs-cueilleurs, pêcheurs, collecteurs exploitant des ressources naturelles disponibles sans les maîtriser.
La Préhistoire *stricto sensu* comprend alors le Paléolithique, l'Épipaléolithique et le Mésolithique.

d'autre part, l'Histoire au sens restrictif du terme (l'Antiquité pour le Bassin méditerranéen et sa très large périphérie) qui lui succède et concerne les populations de producteurs ayant adopté l'écriture mais aussi le plus souvent un pouvoir centralisé.

Final -4.500 à -3.950 Les mutations du Néolithique. Outre une phénoménale explosion démographique, le Néolithique entraîne une cohorte de changements.

---

[7] **La protohistoire** est la science qui regroupe l'ensemble des connaissances sur les peuples sans écriture contemporains des premières civilisations historiques

La biodiversité chute. Les forêts primaires reculent massivement, par brûlis et essartage. La pâture des ovins et l'érosion pluviale sur des sols sans protection appauvrissent les terres. L'humain privilégie certains caractères génétiques des espèces domestiquées : des animaux plus petits, plus dociles, et à terme produisant du lait ou de la laine ; des céréales aux grains solidaires des épis une fois mûrs, qui ne peuvent plus se reproduire sans son intervention...

Il favorise aussi leur expansion au détriment des espèces sauvages, au point que certaines s'éteignent. Des maladies font leur apparition, liées au travail sédentaire, à la densification des populations et surtout à la promiscuité humain-animal. A terme, les populations exposées de génération en génération deviendront résistantes. L'organisation sociale se complexifie. Producteurs agricoles, artisans spécialisés fabricants de céramiques, d'outils, d'armes, techniciens hydrauliques...), commerçants, soldats, élites royales et sacerdotales...

Le pouvoir se double d'une dimension sacrée. Les religions s'élaborent, reflet du monde d'ici-bas. Elles vont souvent co-évoluer avec le pouvoir. En Égypte, les grands temples seront, par exemple, le lieu des recensements, nécessaires à l'impôt. Les mythes, bientôt portés par écrit, prescrivent des règles régentant le social. L'urbanisation s'ébauche. Les villes se constituent en cités-États, et s'affrontent. Des phénomènes d'unification politique prennent place simultanément à l'invention de l'écriture et à l'apparition de la métallurgie au 4_e millénaire av. notre ère. Les États s'affirment. Une administration de scribes apparaît. Les innovations se multiplient. Les bateaux à voile et les charrettes à roue sont attestés en Égypte et Mésopotamie vers - 3500. Émerge une zone d'échanges réguliers intégrant, par des caravanes d'ânes, le Moyen-Orient, l'Égypte et le Nord de l'Inde.

Les traces de violences deviennent de plus en plus visibles.

Dans les faits, il n'y a pas un mais plusieurs Néolithiques. Tous ont les mêmes traits fondamentaux (sédentarisation, etc.), ils peuvent même être largement simultanés et pourtant chacun est inséparable de l'environnement dans lequel il s'épanouit.

Ainsi, parmi les avancées du Néolithique, figure la domestication. Celle des plantes commence vers -9000 au Moyen-Orient : blé, haricots… Dans « l'autre monde », la future Amérique alors sans contact avec l'Eurasie et beaucoup moins richement dotée en variétés sauvages de toutes sortes, c'est quelques millénaires plus tard que se fait la domestication des végétaux : vers -2500, mise en place au Mexique des trois plantes essentielles de cette région (maïs, courge, haricots).

En ce qui concerne les animaux, seule la domestication du chien est antérieure au Néolithique (-15000, Asie de l'Est). Sous le Néolithique, s'opèrent les domestications majeures, d'abord au Moyen-Orient (chèvre et bœuf, -8000 ; mouton, -8500--6500), mais aussi en Inde (zébu, -8000), en Chine (porc, -7000 ; buffle, -4000 ; ver à soie, -3000), en Ukraine (cheval, -4000), en Asie centrale (chameau, -2500). En Amérique, la domestication se produit à peu près à la même époque (comme si les « Américains » comblaient leur handicap initial) : le lama est apprivoisé au Pérou vers -3500, l'alpaga toujours au Pérou vers -1500 et la dinde au Mexique vers -500.

Les fortifications, puis des armes impropres à la chasse (comme la masse, qui ne peut servir à tuer qu'un seul animal, celui qui a un gros crâne fragile et exposé ; ou le bouclier, qui ne sert qu'à se protéger des coups de son semblable) se multiplient. La guerre devient une affaire de professionnels. Les manœuvres de groupes, par « phalanges », contribuent à l'efficacité des soldats sédentaires.

La stature moyenne se réduit, passant pour un homme adulte de plus de 1,80 m à 1,63 m. Trois facteurs affectant les enfants dans leurs périodes de croissance contribuent à expliquer cette chute : les maladies parasitaires, les famines liées à des crises dans la production de ressources alimentaires saisonnières et le travail pénible des champs.

-4.500 – En Chine, dans les steppes eurasiatiques (Dereïvka) : Domestication du cheval, utilisé pour la boucherie et pour la monte.

En Europe orientale, fondation d'un gros village de 350 habitants en Bulgarie (à Solnitsata) autour d'une production de sel (pour conserver les aliments). Développement des techniques du cuivre fondu et moulé ; les objets en cuivre deviennent des symboles hiérarchiques.
Dans les sépultures individuelles de quelques nécropoles de Bulgarie sont déposés des objets de grande qualité technique et dans des matériaux rares (Varna).
Dans les régions basses du Danube, des animaux de trait sont utilisés pour le labourage.

En Europe occidentale, construction des premières tombes mégalithiques.

En Mésopotamie, premières utilisations de la charrue et premiers usages de la voile.
Animaux de trait pour labourage (Europe orientale),
Domestication du cheval (Plaines eurasiatiques)
Cuivre fondu et moulé (Égypte, Nubie, Moyen-Orient, Chine et vers la fin l'Europe orientale)

-4.200

A Aibounour et Rudna Glava, en Europe orientale, exploitation des premières mines de cuivre connues au monde. Le site de la grotte de la Baume de Fontbrégoua dans le département du Var, en France, a permis de découvrir dans la couche du Néolithique cardial — datant d'il y a un peu plus de 6 000 ans, donc vers la fin du Ve millénaire av. J.-C. — des traces d'anthropophagie.
L'analyse des os trouvés dans dix cuvettes aménagées a permis à Jean Courtin de déterminer que trois d'entre elles contenaient des os humains traités comme ceux des animaux.
Il s'agit des restes d'une dizaine de personnes brachycéphales, victimes de dolichocéphales, grands et robustes.

-4.100 - au Soudan, premières cultures du sorgho et du riz indigène.

-4.000
- En Chine

Culture néolithique de Yangshao sur une grande partie de la Chine du Nord, basée sur la chasse, la culture du millet, l'élevage du chien et du porc. Elle est en particulier représentée par le village de Banpo.

Une autre culture, dite de Dawenkou, située dans la péninsule du Shandong, produit une poterie plus élaborée que celle de Yangshao. Ses coutumes funéraires montrent un début de différenciation sociale.

La culture du riz est pratiquée plus au sud, dans la vallée du Yangzi Jiang. Le buffle y est également domestiqué et des maisons en bois sur pilotis y sont construites. La population du cours inférieur du Yangzi Jiang n'est pas chinoise, mais semble plutôt apparentée aux peuples de l'Océanie.

En Europe :

Dans les carrières de l'Europe occidentale et septentrionale, intensification de la production de silex de haute qualité.

En France :

Tombe mégalithique de La Frébouchère : il s'agit d'une longue dalle plate de 10 m de long, soutenue par 8 pierres verticales, formant une grotte artificielle, peut-être initialement recouverte de terre.

Début de la civilisation chasséenne avec ses grands villages, ses campagnes organisées et ses belles poteries.

Après plus de deux mille ans de développement de l'agriculture, la corpulence des hommes a évolué.

Ils sont devenus, en moyenne, plus petits, de structure légère et au crâne en général oblong.

Vers 4 000 avant J.C.

Premier Empereur Chinois FU-XI

Il fut l'inspirateur du Yi Jing (Livre des Mutations). Selon le mythe taoïste, il aurait régné au néolithique et enseigné aux hommes les "Huit Trigrammes" symboliques représentant les aspects de l'univers en mouvement composés de traits superposés, pleins ou brisés en leur milieu :

- les traits pleins symbolisent le principe masculin (yang),

- les traits brisés le principe féminin (yin),

- l'alternance de ces deux principes - le yin et le yang - régit l'univers.

Généralisation de l'agriculture au Mexique
Teinture d'ocre
Sédentarisation des populations
du Soudan au Balouchistan.

3 - PROTOHISTOIRE de -3.950 à -2.700 (ou âge des métaux)

La Préhistoire a été initialement définie comme la période comprise entre l'apparition de l'Humanité et l'apparition des premiers documents écrits. Si l'Histoire commence avec l'écriture, celle-ci n'apparaît toutefois pas simultanément dans toutes les régions du monde.
La notion de Protohistoire a donc été introduite initialement pour nommer l'étape au cours de laquelle des populations ne possèdent pas elles-mêmes l'écriture, mais sont mentionnées par des textes émanant d'autres peuples contemporains.

C'est le cas par exemple des Gaulois d'avant la conquête romaine, décrits par des auteurs grecs et latins.

Les chercheurs voient la Protohistoire commencer au tout début de l'économie de production. Dans cette acception la plus large, elle s'intercale entre la fin de la Préhistoire et l'antiquité en intégrant le Néolithique et les âges des métaux pour les populations sans écritures avérées : âge du cuivre, âge du bronze et âge du fer.

La Protohistoire est caractérisée par une structuration croissante de la société (modification de l'habitat, agglomération, socialisation avancée, hiérarchisation, pouvoir administratif, économie avancée, monnaie, échanges commerciaux...) et par une maîtrise progressive de la métallurgie à partir de la fin du Néolithique. Elle s'intercale dès lors entre :

- La Préhistoire qui la précède et concerne les populations dont la subsistance est assurée par la prédation : groupes de chasseurs-cueilleurs, pêcheurs, collecteurs exploitant des ressources naturelles disponibles sans les maîtriser. La Préhistoire stricto sensu comprend alors le Paléolithique, l'Épipaléolithique et le Mésolithique.

- L'"Histoire au sens restrictif du terme (l'Antiquité pour le Bassin méditerranéen et sa très large périphérie) qui lui succède et concerne les populations de producteurs ayant adopté l'écriture mais aussi le plus souvent un pouvoir centralisé.

Après la pierre, les populations vont utiliser de nouveaux matériaux pour confectionner outils, bijoux et armes. L'acquisition des techniques de métallurgie s'étale sur une durée qui couvre plusieurs siècles, entre 3000 et 120 avant notre ère, marqués par trois grands stades : l'âge du Cuivre (fin du Néolithique), l'âge du Bronze et l'âge du Fer.

Cette période, dite protohistorique, voit la naissance de réseaux d'habitats et l'apparition de territoires politiques marqués. Dans le sud de la France, cette tendance aboutit à la création d'agglomérations fortifiées, à l'origine de nombreux villages ou villes actuels. En 600 avant notre ère, la fondation de Marseille par des Grecs marque un nouveau tournant : elle initie le développement du commerce méditerranéen, qui modifie profondément l'économie gauloise.

Age du Cuivre (ou chalcolithique) de -3.950 à -3.750
Age du Bronze de -3.750 à -2.700
Installation des Sémites (Juifs et arabes) en Mésopotamie.
6eme siècle avant J.C., destruction de Jérusalem par Nabuchodonosor II, roi de Babylone et captivité du peuple juif à Babylone.
70 ans après J.C, prise et destruction de Jérusalem par l'empereur Romain Titus. La Palestine fait désormais partie de l'Empire Romain.

4 – ANTIQUITE

4.1 - PRESENTATION

> *« Alors que les hommes naissent et meurent depuis un million d'années, ils n'écrivent que depuis six mille ans »*
>
> ***Etiemble***

L'**Antiquité** est la première des époques de l'Histoire. C'est par le développement ou l'adoption de l'écriture que l'Antiquité succède à la Préhistoire : certaines civilisations de ces périodes charnières n'avaient pas d'écriture, mais sont mentionnées dans les écrits d'autres civilisations : on les place dans laProtohistoire. **En Asie**, la période se termine à peu près vers l'an -200, avec la Dynastie Qin qui inaugure la période impériale en Chine et le début de la dynastie Chola en Inde. **En Europe,** 20.000 ans avant notre ère, à Lascaux, des hommes tracent leurs premiers dessins. Il faudra attendre 17 à 16 millénaires pour que débute une des plus fameuses histoires humaines, l'écriture.

L'Antiquité désigne la période des civilisations de l'écriture autour de la mer Méditerranée et au Moyen-Orient, après la Préhistoire, et avant le Moyen Âge. La majorité des historiens estiment que l'Antiquité y commence au IVe millénaire av. J.-C. (-4 000, -3000 avant J.C.) avec l'invention de l'écriture en Mésopotamie et en Égypte, et voit sa fin durant les grandes migrations eurasiennes autour du Ve siècle (300 à 600). La date symbolique est relative à une civilisation ou une nation. La fin de l'empire romain d'Occident en 476 est un repère conventionnel pour l'Europe occidentale, mais d'autres bornes peuvent être significatives de la fin du monde antique. Dans une approche Européenne, l'Antiquité est souvent réduite à l'Antiquité gréco-romaine dite Antiquité classique.

4.2 - De 3 500 avant J.-C. à 476 après J.-C.

Au IVème millénaire, en Mésopotamie, apparaissent les premiers États. Ils sont dirigés par des rois qui ont besoin d'accumuler des renseignements sur leurs royaumes.

On voit alors se multiplier des tablettes d'argile couvertes de signes et servant d'aide-mémoire : c'est le début de l'écriture. La première écriture est composée de pictogrammes, c'est-à-dire de dessins qui représentent chacun un objet ou une idée. Pour l'utiliser, il faut être bon dessinateur et connaître beaucoup de signes. Seuls les scribes en sont capables.

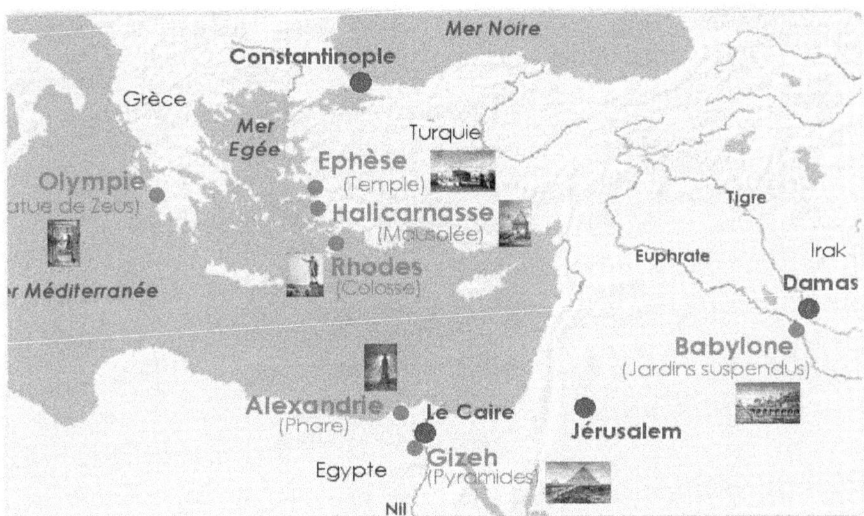

On découvrit dans le pays de Sumer, sur l'emplacement du grand temple de la cité d'Uruk des tablettes. Elles sont constituées de listes de sacs de grains, de tête de bétail, établissant ainsi une sorte de comptabilité du temple. On s'aperçoit que les peuples sumériens avaient non seulement inventé la monnaie, mais également le prêt à intérêt.

Vers 3.500 ans avant JC, la science naît an Mésopotamie et ceci principalement dans les villes de Sumer et Elam.

NAISSANCE de l'ECRITURE

Les origines de l'écriture - le début de l'Histoire.
On a l'habitude de dire que la Préhistoire se termine avec la naissance de l'écriture. C'est effectivement avec ce changement culturel que l'homme va rentrer dans l'histoire et commencer à laisser des traces écrites.

Les origines de l'écriture

Les premiers écrits servaient surtout de livres de comptabilité ou d'inventaires. Mais l'homme va rapidement utiliser ce nouveau moyen de communication pour raconter des histoires... et surtout son histoire !

L'art rupestre, une première forme d'écriture ?
Il y a 40 000 ans, l'homme préhistorique commence à graver, peindre.
Sans parler d'écriture on peut déjà remarquer que nos ancêtres ont cherché à communiquer, à transmettre un message, à témoigner(?)...

Les grottes des Combarelles, de Font de Gaume ou de Lascaux laissent une impression très forte lorsqu'on les visite, comme si l'homme préhistorique avait voulu nous dire quelque chose, nous transmettre sa pensée. Il est pour l'instant difficile de comprendre le message. Si les tentatives d'explication des gravures pariétales sont nombreuses, aucune ne fait vraiment l'unanimité...

Pourquoi l'écriture ?
Une écriture devenue indispensable comme moyen de communication.
L'écriture est devenue un véritable "besoin" avec le développement d'un système de société hiérarchisée, l'existence d'un pouvoir centralisé, l'émergence des religions. Les temples, centres de pouvoir religieux mais aussi administratif, vont devoir s'organiser, comptabiliser et mesuser. Les échanges commerciaux entre villes et contrées se multipliant, il faudra formaliser les actes de ventes.
Les "calculis" (voir ci-contre), ancêtres de nos factures, vont assez vite être remplacés par des tablettes d'argile dont le format va permettre d'indiquer le propriétaire d'un bien, et d'inventorier la totalité des marchandises.

L'écriture est née il y a 6000 ans dans deux contrées voisines, la Mésopotamie et l'Egypte, de manière presque simultanée mais différenciée. Si les hiéroglyphes égyptiens et les pictogrammes sumériens sont tous les deux formés de petites images, celles-ci sont totalement propres à leur région.

Les premiers écrits viennent de Mésopotamie.
- 6000 La première écriture analytique.
C'est dans les restes des temples des cités d'Uruk et de Lagash (le Pays de Sumer, l'actuel Irak) qu'on retrouve les premières traces d'écriture. Elles sont datées de 3300 ans avant JC.

Les sumériens utilisaient des roseaux taillés en pointe (les calames) pour tracer les signes sur des tablettes d'argile.

Cette écriture était composée de **pictogrammes** ou signes représentant un seul mot ou concept. On a évalué que cette écriture était constituée de plus de 1500 représentations. Les sumériens utilisaient l'écriture pour la rédaction de livres de comptabilité et dénombraient ainsi les possessions du temple comme les sacs de grains, les têtes de bétail...

Pour certains "mots" les sumériens inventaient des **idéogrammes** en mélangeant deux pictogrammes...

- 5 700 Le cunéiforme.

Les formes stylisées vont disparaître, elles vont être remplacées par l'écriture **cunéiforme**. Les sumériens vont prendre l'habitude de travailler différemment leurs calames : ils vont les tailler en biseau. En les enfonçant dans l'argile, l'empreinte avait une forme de "clou" d'où on a tiré le nom *cunéiforme*.

On a évalué que cette écriture étaient composée de seulement 600 signes. Ces signes (non figuratifs) vont évoluer vers la représentation d'un son : le **phonétisme**. Ainsi, en associant une suite de sons, on va pouvoir écrire un mot : l'image du "chat" suivie de l'image du "pot", peuvent exprimer le mot "chapeau".... C'est l'ancêtre du rébus !

Pour aider à la lecture les sumériens utilisaient également des déterminatifs qui permettaient d'indiquer le genre ou le contexte des mots employés.

Pictogrammes
Tablette de pierre 3300 av J-C
British Museum (Londres) © Kroko

Caractères pictographiques
Tablette en argile - Uruk III
env. 3100-2850 av. J-C

L'écriture commence en Egypte avec les hiéroglyphes.
- 5000 les premiers hiéroglyphes.

On a commencé à retrouver des documents où figurent des **hiéroglyphes** qui ont été datés de 3000 ans avant J-C. On suppose que l'écriture hiéroglyphique est plus ancienne que cette datation. Les premiers écrits comportent déjà des retransmissions de langue parlée mais ils abordent aussi de nombreux aspects de la civilisation égyptienne : pharmacologie, actes admistratifs, éducation... Cette écriture n'a pas pu se développer aussi complètement en quelques années... l'origine n'est donc pas encore retrouvée mais certainement plus ancienne.

On a déterminé 3 sortes de signes dans les textes anciens :
- les pictogrammes, seuls ou en combinaison pour représenter une chose ou une idée.
- les phonogrammes, qui expriment un son.

- les déterminatifs qui aident le lecteur pour la compréhension du texte, en classifiant les 2 sortes de signes précédentes.

Le sens de lecture de l'écriture hiéroglyphique, un cas particulier...
De manière générale les hiéroglyphes se lisent de droite à gauche sur un papyrus... Sur les murs d'un temple le sens de lecture est indiqué par les figures intégrées dans les hiéroglyphes. Par exemple, si les figures sont tournées vers la gauche, alors le texte se lit de gauche à droite...

Tout cela paraît relativement simple, sauf que... parfois sur un temple le sens de lecture peut être "inversé" par la présence d'une statue divine à proximité du texte. Dans ce cas, même si les figures regardent vers la divinité le sens de lecture peut être inversé...

L'écriture cursive.
Parallèlement aux hiéroglyphes un autre type d'écriture apparaît en Egypte : **l'écriture cursive** (ou hiératique). Plus simple et moins travaillée, cette écriture permet de rédiger plus rapidement des textes. Elle comporte toutefois, comme les hiérogyphes, des idéogrammes, des phonogrammes et des déterminatifs.

En 650 avant J-C
Une autre écriture cursive se développe, encore plus simplifiée : l'écriture démotique.
Cette nouvelle forme d'écriture n'est plus réservée aux scribes et sa "simplicité" va lui permettre de s'étendre à d'autres couches de la population...

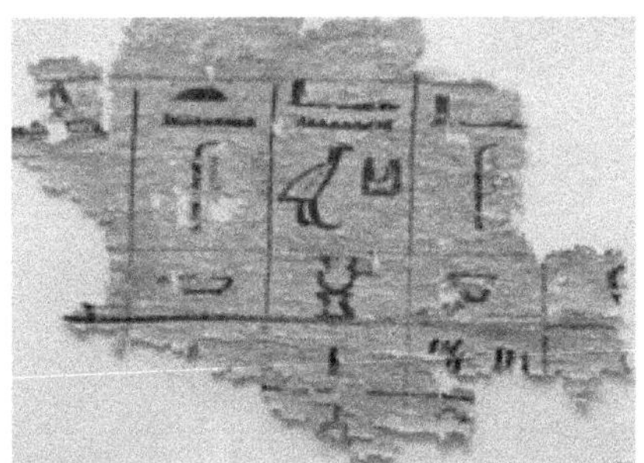

Hiéroglyphes - Abusir
Comptes du temple sur papyrus
2360 avant J-C

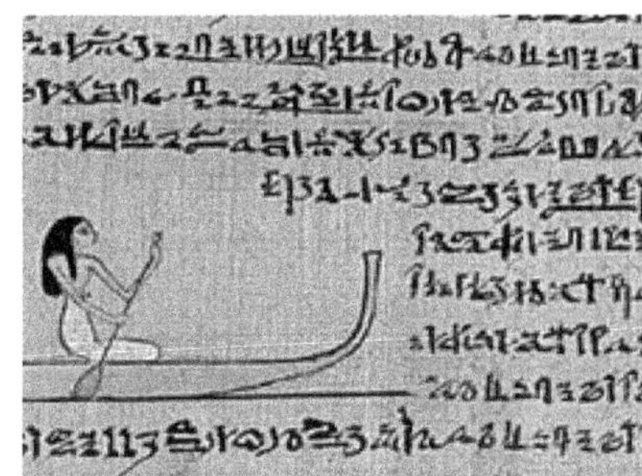

Ecriture cursive (ou hiératique)
extrait du Livre des Morts
Paris BNF

Ecriture démotique –
Acte de location - Thèbes - 534 avant J.-C.
(Musée du Louvre).

Première écriture en Crète (et en Grèce)
- 4000 ans premières écriture crétoise

C'est à cette époque que se développe l'écriture en Crète et probablement en Grèce continentale. C'est particulièrement dans l'ancienne cité de Knossos que des inscriptions sur des tablettes d'argile ou gravées dans la pierre ont été retrouvées en 1900. On dénombre 3 sortes d'écriture :

Linéaire B – Tablette d'argile de Mycènes - Crète

Disque de Phaïtos - Crète Unicum - non déchiffré à ce jour

- **le linéaire B**, le plus ancien (- 2000 ans avant J-C) est composé de 200 signes syllabaires (formés de syllabes). On suppose qu'il traduit une forme ancienne du grec. L'écriture a été déchiffrée en 1952.
- **le linéaire A**, (- 1750 à - 1450 ans avant J-C) formé de signes stylisés dont la signification n'a pas pu encore être retrouvée.
- **le disque de Phaïstos** (- 700 ans avant J-C) qui présente sur ses 2 faces 45 signes figuratifs. C'est un unicum, c'est-à-dire que cette écriture a seulement été retrouvée sur ce disque. Elle reste incompréhensible et sa véracité a souvent été mise en doute.

Linéaire A - Crète Toujours non déchiffré à ce jour.

La Chine : premiers écrits.

- 4000 : les traces d'écriture en Chine.

La seule écriture qui est presque restée identique depuis 6 000 ans.

Les premiers **pictogrammes** étaient tracés à l'encre de Chine avec une plume sur de la soie. Les méthodes ont changé mais les signes légèrement modifiés sont encore utilisés actuellement.

Ils se sont stylisés au fur et à mesure que leur utilisation se répandait, mais plus dans un souci de rapidité d'écriture. On a dénombré plus de 4 500 graphies sur des documents datant de - 1 100 avant J-C...

Les **idéogrammes** peuvent se décliner de quatre manières différentes :
- les images simples : elles sont la représentation stylisée de l'objet.
- les symboles, qui représentent plutôt une idée, un concept.
- les agrégats logiques : plusieurs caractères agglomérés qui forment un nouveau mot.
- les complexes phoniques : deux éléments graphiques associent le sens et la prononciation d'un mot.

Particularité de l'écriture chinoise : les combinaisons de caractères sont assez étonnantes. Par exemple si on ajoute au caractère "oreille" le caractère "dragon" on obtient un caractère composé qui signifie "sourd"...

Tout aussi étonnant, un même son prononcé peut, suivant la calligraphie, signifier des choses totalement différentes...

Invention de l'alphabet.

Idéogrammes chinois
sur carapace de tortue
XII siècle av. J.-C

Idéogrammes chinois
Dynastie des Shang
(1765 – 1122 av. J-C)

Recueil du VIe siècle av. J.-C.

Un premier alphabet il y a 3400 ans ?

Continuant à se répandre dans le monde, l'écriture va utiliser de nouvelles règles : c'est l'invention de l'alphabet.
"*L'alphabet se compose d'un ensemble conventionnel de signes écrits dont chacun correspond à un seul son parlé. Tous ces signes, dont le nombre est limité, sont susceptibles d'être disposés selon des combinaisons interchangeables de façon à former des diverses syllabes et les différents mots.*

L'écriture semble avoir été inventée vers -3400 à Ougarit... un port de commerce alors très actif, où on a découvert en 1928 une série de tablettes écrites à l'aide de 30 signes seulement, d'aspect cunéiformes, utilisés pour noter des sons et non plus des idées...".

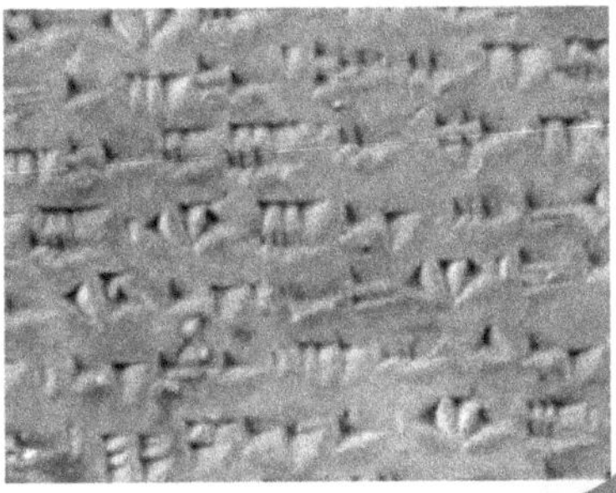

3.500 ans avant J.C.

Cette date est emblématique de l'invention de **l'ECRITURE.**

Les premières formes d'écriture étaient des symboles dessinés, gravés sur des tablettes d'argile.
Mais l'innovation la plus importante provient de l'invention de l'écriture cunéiforme (en forme de clous), qui, par les pictogrammes, permet la reproduction de textes et également la manipulation abstraite de concepts.

La numération est ainsi la première méthode scientifique à voir le jour, sur une base 60, permettant de réaliser des calculs de plus en plus complexes, et ce même si elle reposait sur des moyens matériels rudimentaires. L'écriture se perfectionnant (période dite « *akadienne* »), les sumériens découvrent les fractions ainsi que la numération dite « de position », permettant le calcul de grands nombres.

Le système décimal apparaît également, via le pictogramme du zéro initial, ayant la valeur d'une virgule, pour noter les fractions.

La civilisation mésopotamienne aboutit ainsi à la constitution des premières sciences telles que la métrologie, très adaptée à la pratique. Il y eut aussi l'algèbre (découvertes de *planches à calculs* permettant les opérations de multiplication et de division, ou « tables d'inverses » pour cette dernière ; mais aussi des puissances, racines carrées, cubiques ainsi que les équations du premier degré, à une et deux inconnues), la géométrie (calculs de surfaces, théorèmes), l'astronomie enfin (calculs de mécanique céleste, prévisions des équinoxes, constellations, dénomination des astres).

La médecine a un statut particulier ; elle est la première science « pratique », héritée d'un savoir-faire tâtonnant. Depuis l'Anatolie à la vallée de l'Indus, et de la mer Caspienne au Soudan, on utilise des petits jetons de terre cuite de formes et de tailles différentes suivant la quantité qu'ils représentent. Les plus anciens retrouvés remontent à une époque allant du IXème au VIIème millénaire avant J.C.

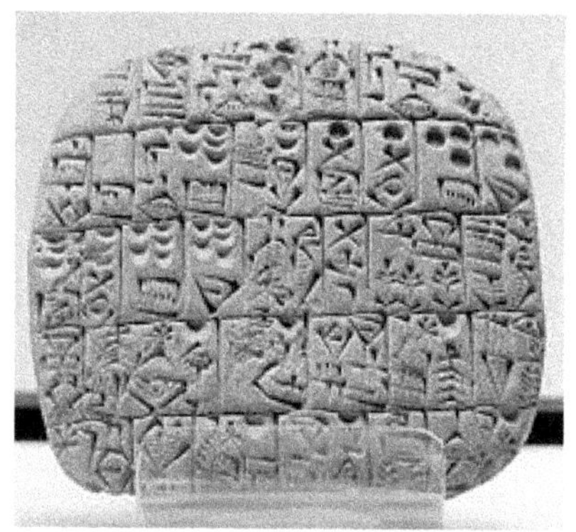

En 3500 avant J.C., en Mésopotamie,

Dans les sociétés de Sumer et d'Elam, ces jetons sont emprisonnés dans une boule creuse en argile qui permet de vérifier que les transactions commerciales sont exactes, on leurs donnera le nom de *calculi*.

Ces cailloux constituent l'un des premiers systèmes de numération. Ce système suit le principe additif et sa base est **sexagésimale (base 60)**. Les origines de la base 60 se cachent également sur nos mains : il s'agit d'une combinaison entre les 5 doigts de la main gauche et les phalanges des quatre doigts de la main droite, le pouce servant à compter les phalanges, soit 12 au total. Et 5 x 12 = 60.

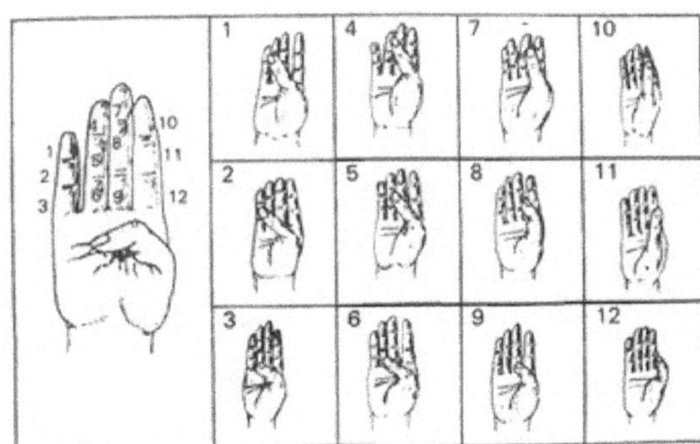

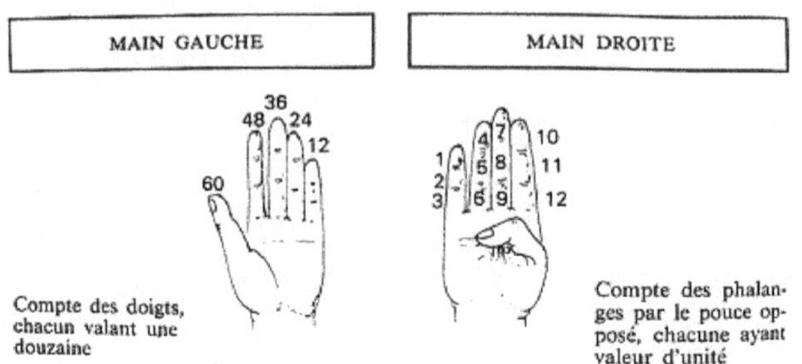

Extrait de "Histoire universelle des chiffres" Georges Ifrah - Editions Robert Laffont 1994

L'astronomie a préservé ce système que l'on retrouve aujourd'hui au travers des unités de temps (1h = 60min = 3600s) et des mesures d'angles (un tour entier = 360°).
Par exemple, *75 en base 10* s'écrit *1,15 en base 60*. En effet, 75 min = 1h15min.
Mais la manipulation n'est pas facile car pour vérifier que la marchandise correspond bien au nombre de « calculi » enfermés dans la boule, il faut casser celle-ci.

L'usage de cette notation semble avoir été limité aux activités mathématiques puisqu'on n'en trouve que très peu de traces dans les autres genres de textes, par exemple administratifs ou commerciaux. La notation sexagésimale positionnelle est apparue vers la fin du troisième millénaire dans des tables d'inverses provenant de Mésopotamie du Sud, et a été utilisée en mathématiques, et plus tard en astronomie, jusqu'à la disparition de l'écriture cunéiforme au début de notre ère.
La notation sexagésimale positionnelle héritée du Proche Orient cunéiforme a par la sui
te été utilisée, sous des formes diverses, dans les traités d'astronomie en langues grecque, latine, arabe, syriaque,

hébraïque, sanskrite, chinoise, et bien d'autres, y compris les langues européennes modernes jusqu'à une époque récente. Le système sexagésimal est pratiqué encore aujourd'hui dans la mesure du temps et des angles.

Durant la seconde moitié du IVème millénaire avant J.C., à Sumer, naît l'écriture, et avec elle, les premières représentations écrites des nombres.
La boule « s'aplatit » et devient une tablette sur laquelle sont gravés des pictogrammes représentant la nature de la marchandise : épis de blé, animaux, ... Cette écriture évolue vers une forme simplifiée, dite cunéiforme que l'on trouve chez les babyloniens vers 2500 avant J.C.

Vers le IIème millénaire avant J.C., elle évoluera encore pour permettre l'écriture de nombres plus grands et voir apparaître la première numération de position. En fait, cette écriture combine le principe additif et le principe de position. Suivant la place qu'occupe le symbole, celui-ci correspond soit à une unité, soit à une soixantaine, soit à une soixantaine de soixantaines. Il n'existe que deux symboles le "clou vertical" et le "chevron". Les neuf premiers chiffres se représentent par répétitions de clous verticaux (principe additif). 10 est représenté par le chevron.
Pour écrire les nombres de 11 à 59, on répète les symboles autant de fois que nécessaire (principe additif).

Le nombre 60 se représente à nouveau par le clou (principe de position).

= 12 = 62 = 25

Le système de numération babylonien, parfois ambiguë, évoluera au fil du temps. Les scribes auront par exemple l'idée d'un signe de séparation des symboles se présentant sous la forme d'un double chevron exprimant qu'il n'y a rien. Il s'agit de la première trace du zéro (IIIème siècle avant J.C.).

Cuivre en Chine
La roue à Sumer en basse Mésopotamie. Objet fondamental dans les transports et dans la création de la civilisation occidentale. Elle est connue très tardivement en Amérique précolombienne et uniquement comme jouet (-1500) et très récemment en Afrique sub-saharienne et en Océanie.
Bronze à Ur.
Civilisation préthinite en Égypte. Culture systématique de la vallée du Nil. Élevage, peut-être l'âne. Système technique de Mésopotamie analogue à celui de l'Égypte. Tissage du lin et vannerie en Égypte.
Premiers puits funéraires, maisons de pisé ou de briques en Égypte. Barrage d'Hélouan en Égypte.
Apparition du tour de potier en Mésopotamie
Anatolie : début de l'utilisation de la laine des ovins

En 3300 avant J.C.
Extension de la culture de la vigne de la mer Noire à l'Indus.
À Mehrgarh, au Pakistan, les archéologues ont découvert que le peuple de la civilisation de la vallée de l'Indus, dès les premières périodes de Harappan. (-3.200 ans) avait des connaissances en médecine et en dentisterie.
Des recherches, dans la même région ont retrouvé des dents portant des traces de soins, datant de 9000 ans. L'Ayurveda (la science de la vie), est un système de médecine savante et ésotérique originaire d'Asie du Sud dont les prémices remontent à plus de 2.000 ans.

Ses deux textes plus célèbres relèvent de l'école de Charaka et Sushruta. Bien que ces écrits présentent un certain nombre de similitudes avec les très anciennes doctrines médicales mentionnées dans la littérature religieuse des vedas, les historiens ont pu apporter la preuve directe de liens historiques entre la naissance de l'āyurveda et celle des littératures bouddhistes et jaïns. Il semble que les premiers fondements de l'āyurveda ont été bâtis sur une synthèse entre différentes pratiques anciennes de phytothérapie datant du début du deuxième millénaire avant J.-C., avec un apport massif de concepts plus théoriques, de nouvelles classifications nosologiques et de nouvelles méthodes thérapeutiques datant d'environ 400 avant J.-C. et issues de familles de pensée incluant le Bouddhisme et d'autres inspirations.

Selon le traité de Charaka, le Charakasamhitā, la santé et la maladie ne sont pas déterminées à l'avance et la vie peut être prolongée par l'effort des hommes. Le Suśrutasamhitā est remarquable pour sa description des procédures des différents types d'interventions chirurgicales, dont la rhinoplastie, la réparation des lobes d'oreille déchirés, la lithotomie périnéale, la chirurgie de la cataracte et plusieurs autres interventions chirurgicales.

En Égypte, domestication du bœuf, du porc, du mouton, de l'oie. Culture des céréales (blé, orge, millet),
des légumineuses (lentilles, fèves, oignons, pois chiche). Développement de l'arboriculture (grenadier, figuier, jujubier). Travail de l'or, de l'argent et du plomb.

Houe et araire en Égypte.
Les classiques āyurvediques divisent la médecine en huit branches :

Kāyācikitsā (la médecine interne),
śalyacikitsā (la chirurgie, comprenant l'anatomie),
śālākyacikitsā (maladies des yeux, des oreilles, du nez et de la gorge),
Kaumārabhṛtya (pédiatrie),
Bhūtavidyā (médecine de l'esprit) et
Tantra agada (toxicologie),
Rasāyana (la science de rajeunissement), et
Vājīkaraṇa (aphrodisiaques, principalement pour les hommes).

Tour de potier en Grèce. Tour de potier dans la vallée de l'Indus
Naissance de la ville. Murailles de Jéricho.
Le rempart se généralise en Mésopotamie.
Tombes préthinites : Cette période dite « protodynastique » est antérieure à 3185 avant Jésus-Christ et précède l'époque thinite (Les

dates restant approximatives). Elle se confond avec la culture dite « Nagada III ».
Construction en briques sèches, voûte en berceau en Égypte.
Outillage de cuivre martelé en Égypte.

En dehors de ce programme, l'élève de l'Āyurveda devait connaître les dix arts indispensables à l'élaboration et à la mise en œuvre des médicaments : la distillation, la technique, la cuisine, l'horticulture, la métallurgie, la fabrication du sucre, la pharmacie, l'analyse et la séparation des minéraux, la formulation des métaux et la préparation d'alcalis.

L'enseignement des différentes matières était prodigué au cours de l'étude des cas cliniques. Par exemple, l'enseignement de l'anatomie faisait partie de l'enseignement de la chirurgie, l'embryologie faisait partie de la formation en pédiatrie et en obstétrique, l'apprentissage de la physiologie et de la pathologie était imbriqué avec l'enseignement de toutes les disciplines cliniques.

À la fin de leur formation, le gourou prononçait un discours solennel adressé aux étudiants où il les exhortait à une vie de chasteté, d'honnêteté et d'alimentation végétarienne. L'étudiant devra s'efforcer de tout son être de bien soigner les malades. Il lui était interdit de trahir ses patients pour en tirer un avantage personnel.

Il devait s'habiller modestement et éviter les boissons fortes. Il devait être discret et calme, mesurer ses paroles à tout moment. Il était tenu d'améliorer constamment ses connaissances et ses compétences techniques. Au domicile du patient, il devait être courtois et modeste et porter toute son attention au bien-être du patient. Il était tenu de ne rien divulguer de ce qu'il savait du patient et de sa famille. Si le patient était incurable, il devait garder cette information pour lui si elle était susceptible de nuire au patient ou à d'autres personnes.

La durée normale de formation d'un étudiant semble avoir été de sept ans. Avant l'obtention du diplôme, l'étudiant devait passer un examen. Mais le médecin devait continuer à apprendre par la lecture des livres, l'observation directe (pratyaksha) et par la déduction (anumāna). En outre, le vaidyas assistait à des réunions où l'on échangeait des connaissances. Les médecins ont également été invités à prendre connaissance des remèdes atypiques des anciens, éleveurs, forestiers et paysans.

Durant des millénaires, l'astronomie fut couramment associée à l'astrologie. Le divorce n'interviendra qu'au siècle des Lumières pour se perpétuer de nos jours.
Les systèmes les mieux connus sinon les plus développés sont :
au Néolithique : tous les grands cercles mégalithiques sont en fait des observatoires astronomiques, citons les plus connus : Nabta Playa vieux de 6 000 à 6 500 ans et Stonehenge (Wiltshire, Angleterre) 1 000 ans plus tard.

Flammarion, qui le comprit l'un des premiers, parlera au sujet des cercles mégalithiques de « monuments à vocation astronomique » et « d'observatoires de pierre ».

L'astronomie indienne et chinoise : le Rig-Veda mentionne
27 constellations associées au mouvement du Soleil ainsi que les 13 divisions zodiacales du ciel.

L'astronomie sumérienne et ses dérivées, les
astronomies chaldéenne, mésopotamienne, égyptienne et hébraïque.

Si bien que la Bible contient un certain nombre d'énoncés au sujet de la position de la Terre dans l'Univers et sur la nature des étoiles et des planètes.
Dans le nouveau monde, les astronomies amérindiennes sont aussi déjà très développées notamment la Toltèque, la Zapotèque (assez proche) et la Maya tout à fait originale.

Ainsi, sans aucun instrument optique, l'astronomie maya avait réussi à décrire avec précision les phases et éclipses de Vénus !
En Mésopotamie, l'astronomie voit apparaître ses premiers fondements mathématiques. Le repérage des trajets des astres errants se fait d'abord sur 3 voies parallèles à l'équateur. Puis, après les premières observations systématiques de la fin du 2e millénaire (vers -1200), les trajets du Soleil et de la Lune sont mieux connus.

Vers le VIIIe siècle av. J.-C. apparaît la notion d'écliptique[8] et plus tard encore une première forme de zodiaque à 12 parties.
Vers le milieu du 1er millénaire on voit ainsi cohabiter un repérage en 12 signes très pratiques pour les calculs de position des astres, et un repérage en constellations utilisé pour les interprétations de la divination astrale.
On détermine seulement vers ce moment-là les périodes des cycles des planètes, apparaît aussi le découpage en 360 ° de l'écliptique.

L'astronomie mésopotamienne est différenciée en général de l'astronomie grecque par son caractère arithmétique : Contrairement à l'astronomie grecque, l'astronomie mésopotamienne est empirique. On ne cherche pas les causes des mouvements, on ne crée donc pas de modèles pour en rendre compte, les phénomènes ne sont pas perçus comme des apparences résultant d'un cosmos représentable géométriquement.

---

[8] (D'après Wikipedia) D'un point de vue géocentrique, l'**écliptique** est le grand cercle représentant la projection, sur la sphère céleste, de la trajectoire annuelle apparente du Soleil vue de la Terre. Du point de vue héliocentrique, il s'agit de l'intersection de la sphère céleste avec le plan écliptique (plan géométriquecontenant l'orbite de la Terre autour du Soleil). Le **plan de l'écliptique** est le plan de référence du système de coordonnées célestes dit système de coordonnées écliptiques.

Les astronomes mésopotamiens ont cependant le grand mérite d'avoir consigné soigneusement de nombreuses observations dès le VIIIe siècle au moins. Ces observations seront très utiles aux astronomes grecs.

Vers 3.100 av. J.-C.
en Corée : première attestation de la culture du millet.
Les plus anciens outils sur éclats des îles du Sud-Est sont trouvés en Indonésie, à Bornéo et dans les Philippines. Ils sont faits d'une variété de silex, mais on trouve aussi des outils d'obsidienne dans le centre des Philippines, l'ouest de Java et le sud de Sumatra. Ils présentent souvent un lustrage particulier, qui pourrait indiquer un travail sur des plantes riches en silice (rotin, palmier grimpant, pandanus, nécessaires à la confection de nattes, de cordes et de paniers).

En Inde, le nombre des établissements agricoles augmente considérablement au IVe millénaire.
Dans la région de Mehrgarh, on compte maintenant plusieurs sites dans un rayon de quelques kilomètres. Leur position géographique implique l'existence de canaux d'irrigation, dont des traces ont été découvertes. L'industrie de la céramique se distingue par la fabrication en série de récipients utilitaires réalisés au tour et de bonne qualité.

Fondation du site de Mundigak en Afghanistan, rattaché au chalcolithique du Baloutchistan central. Complexe culturel de Sheri Khân Tarakai dans le bassin du Bannu (fin Ve-début IVe millénaire), qui malgré son originalité se rattache au Chalcolithique ancien de Mehrgarh.

Progrès de la céramique dans les villages du Baloutchistan : décoration de frises de caprinés ou d'oiseaux et de motifs géométriques.
À Mehrgarh, des restes de four, de complexes de magasins, ainsi que d'ateliers de lapis-lazuli, de turquoise et de cornaline, indiquent une amélioration rapide des techniques. Dans la même zone d'activités artisanales, on a trouvé un ensemble de creusets contenant des traces de cuivre, dans lesquels des lingots de 11 cm de diamètre était fondus

3 000 ans avant J.C. chez les Sumériens, LA ROUE remplace la glisse sur tronc d'arbre.

La roue est inventée dans le monde sumérien, au sud de la Mésopotamie, entre le Tigre et l'Euphrate, probablement vers 3500/3000 avant notre ère. Un pictogramme de cette époque montre clairement un chariot sur roues. Les plus anciennes roues connues sont des disques pleins formés d'un seul bloc.

Elles évoluent ensuite, à la fin du IIIe millénaire, vers des roues pleines constituées de trois pièces assemblées entres-elles.

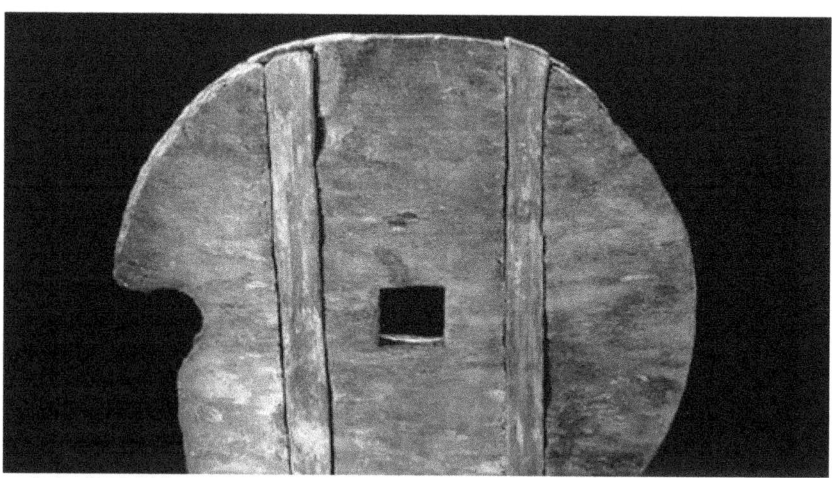

La découverte et l'identification de restes de chariots à roues pleines datant de 2500 avant notre ère corroborent certaines représentations de la roue sur des vases funéraires.
Les roues à rayons apparaissent vers 2000 avant notre ère, allégeant le véhicule tout en renforçant la roue. Quoi qu'il en soit, l'histoire des origines de la roue est encore mal connue.

Au début du IIIème millénaire avant Jésus-Christ, l'Egypte, jusqu'alors divisée en deux royaumes, est unifiée par Ménès qui fonde la Ière dynastie, et la ville de Memphis. Cette période se prolonge avec la IIème dynastie (jusqu'à 2650 av. J.-C.).
L'Ancien Empire (IIIème-VIIème dynasties), de 2650 à 2150 av. J.- C., est considéré comme l'âge d'or de l'Egypte ancienne. L'art et l'architecture se développent : le scribe accroupi date de cette période, ainsi que les Pyramides de Gizeh.

A cette période brillante succède la première période intermédiaire (VIIIème- Xème dynasties) jusqu'à environ 2050 av. J.-C. Le pouvoir royal est affaibli au bénéfice des seigneurs féodaux. Le Moyen Empire (XIème- XIIème dynastie), avec le pharaon Mentouhoutep, installe sa capitale à Thèbes.

3000 ans avant J.C. Invention du TISSAGE.

Les premiers tissus connus datent de la fin du Néolithique, ils ont été retrouvés en Turquie et en Palestine. Le métier à tisser le plus rudimentaire consiste en un cadre de bois : une série de fils (la chaîne) est tendue entre deux bâtons de bois fichés dans le sol. Avec une perche, un fil de chaîne sur deux est tiré afin de créer un espace vide (*la foule*) où un autre fil (*la trame*) passe perpendiculairement aux fils de chaîne puis les nappes de la chaîne sont inversées pour créer une autre foule où repasse le fil de trame.
Vers 3 000 av. J.-C, les métiers avaient les fils de chaîne tendus par des poids sur une barre transversale, l'ensouple.

Vers 1 400 av. J.-C, Les premiers métiers verticaux apparurent; la chaîne était alors tendue entre deux barres horizontales. Ce type de métier est encore utilisé pour la tapisserie par exemple.

Vers 1 000 av. J.-C., les métiers horizontaux avaient un cadre rigide et un bâton était attaché à certains fils de chaîne afin d'ouvrir la foule en le soulevant. Ensuite le métier à tisser n'évolua plus jusqu'au Moyen Âge, où des pédales furent utilisées pour soulever tour à tour un certain nombre de lisses différentes, afin d'obtenir des motifs plus complexes.

L'adjonction des pédales est une invention chinoise.

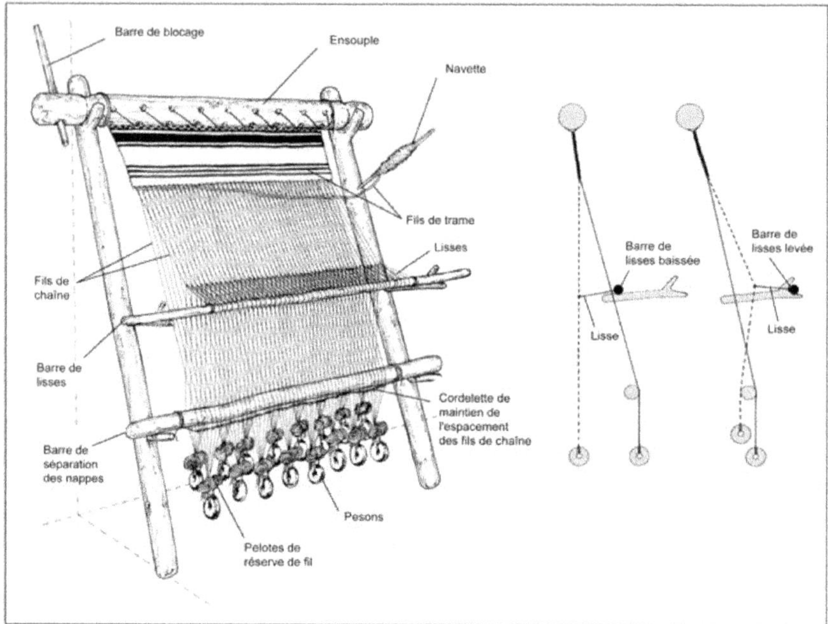

Une découverte « primordiale » : LE ZERO

Un nombre qui n'a pas toujours été considéré comme tel. Son apparition fut longue et délicate suivant les civilisations qui n'ont pas toutes ressenti le besoin d'inventer un symbole pour représenter l'absence d'objets ! Et quand ce besoin s'est fait sentir, son introduction a suscité beaucoup de crainte et de mystère. Le zéro est par sa nature différente des autres chiffres. Pour les **grecs** de l'Antiquité par exemple, est « un » ce qui existe. A cette époque, ils ne possédent pas encore un degré d'abstraction suffisant pour pouvoir imaginer et de surcroît écrire ce qui n'est pas. Pourtant les astronomes grecs emploient dans leurs tables un zéro, l'omicron, noté *o* qui ressemble à notre zéro actuel mais il s'agit vraisemblablement d'une coïncidence. Les grecs comprennent l'utilité d'un zéro pour leurs calculs mais le rejettent pour des croyances philosophiques. Comme **l'infini**, **le zéro** fait peur aux grecs. Selon la conception aristotélicienne, le vide et l'infini n'existent pas, bien qu'elle conçoive un infini potentiel au sens d'une éventualité utopique impossible à réaliser.

Il y a donc peu de chance pour que le zéro grec soit l'ancêtre de notre zéro.

La première trace du zéro nous parvient des **babyloniens** (3e siècle avant J.C.).
Leur système de numération tenant sur la combinaison du principe de position et du principe additif est parfois ambigu. Comment écrire par exemple le nombre « 305 » si on ne dispose pas du symbole « 0 ». On peut écrire « 3 5 », mais ne risque-t-on pas de confondre avec « 35 » ?
Les scribes ont l'idée d'un signe de séparation des symboles se présentant sous la forme d'un double chevron exprimant qu'il n'y a rien.

C'est le plus vieux zéro connu mais ce n'est pas encore un nombre ni même une quantité. On le qualifierait plutôt de « pense bête » ou de « marque-place » qui ne servait à autre chose que de fixer la bonne place des chiffres dans le système de numération de position.

Indépendamment des autres civilisations, les savants **mayas** développent au cours du 1er millénaire de notre ère un système de numération performant et inventent un « zéro ». Le symbole connaît des formes très diverses telles que celle d'un coquillage.

Quelques représentations de zéros mayas

Mais le coup de génie vient encore de l'Inde où le zéro apparaît vers le Veme siècle. A l'opposé des grecs, la religion hindoue intègre totalement le vide et l'infini. Elle voit le cosmos comme un univers qui s'étend à l'infini alors que pour les pythagoriciens, le cosmos est "prisonnier" dans des sphères de différentes tailles qui émettent de la musique : l'harmonie des sphères.

Le zéro n'est plus seulement un symbole utilisé pour marquer un vide, mais il devient un nombre à part entière.

En 628, dans un traité d'astronomie appelé le Brahma Sphuta Siddhanta, Brahmagupta (598 ; 660) définira le zéro comme la soustraction d'un nombre par lui-même (a - a = 0). Il établira aussi qu'un nombre multiplié par zéro est égal à zéro. A cette époque, on l'appelle « sunya » qui se traduit par « vide » en sanskrit (la langue indienne). Brahmagupta tente en vain de calculer 1:0 et 0:0. Pour la 2ème division, il affirme que le résultat est 0. Ce qui est faux, il s'agit d'une forme indéterminée.

Quant à la première, il faudra attendre un autre mathématicien indien, Bhaskara (1114 ; 1185) pour apporter la solution. Effectué à la calculatrice, 1:0 provoque une erreur. En effet, la division par zéro est interdite en mathématiques. Il s'agit en fait d'un calcul de limite. En prenant des valeurs de *x* de plus en plus proches de zéro, on s'aperçoit que 1:*x* prend des valeurs de plus en plus grandes.

Bhaskara découvre que le zéro et l'infini sont intimement liés par le fait que 1:0 n'est autre que l'infini ! En même temps que l'Islam s'étend dans le monde arabe, les musulmans abandonnent la théorie d'Aristote (-384 ; -322) rejetant le vide et l'infini. Ils emprunteront le zéro aux indiens et le mot deviendra « sifr ».

Le zéro arrive en occident au XIIeme siècle. Mais comme pour les autres chiffres, le zéro fait une entrée laborieuse dans le langage mathématique. Il souffre des vestiges de la pensée aristotélicienne, mais aussi de la méfiance de l'Eglise. Léonard de Pise, dit Fibonacci (1170 ; 1250), utilise dans son *Liber Abaci* le nom de « zefirum » qui fait son apparition pour les besoins du commerce. Le mot deviendra ensuite « zefiro » pour devenir « zero » à partir de 1491. Notons que le « sifr » arabe dérivera aussi vers le mot « chiffre ».

La civilisation égyptienne est l'une des plus anciennes et les Egyptiens eurent aussi besoin de prévoir les phénomènes périodiques

Rapidement, ils trouvèrent une durée de l'année de 365 jours mais furent amenés à la corriger pour éviter une dérive des saisons. Ils adoptèrent 365 jours un quart plusieurs siècles avant notre ère.

Prédire l'arrivée de la crue du Nil qui était essentielle et le lien avec le lever héliaque de Sirius (c'est-à-dire le jour de l'année où l'étoile Sirius se lève juste avant le Soleil) fut vite trouvé.

On a pu constater que les Egyptiens avaient une notion très précise de la direction nord-sud comme le montre l'alignement des pyramides construites plus de 2500 ans avant notre ère.

Mais malgré cela, les Egyptiens ne furent pas de grands astronomes. C'est seulement la durée très longue de leurs observations qui leur a permis d'avoir les connaissances ci-dessus. Leur représentation du cosmos était très simpliste et avait recours aux divinités : une Terre plate avec le dieu solaire Râ qui traversait le ciel chaque jour d'est en ouest.

La civilisation mésopotamienne, très ancienne également, considéra aussi pendant près de 3000 ans que la Terre était plate avec un hémisphère supérieur supportant les corps célestes. Ils léguèrent ainsi à la postérité des centaines de tables astronomiques très détaillées. Les Mésopotamiens furent les premiers à mathématiser l'astronomie, en écrivant non seulement des tables mais aussi des éphémérides astronomiques, dans lesquelles, au moyen de lois mathématiques simples, ils arrivèrent à prédire les positions futures des astres errants du ciel : le Soleil, la Lune et les planètes.

Toutes ces observations furent utilisées plus tard par les astronomes grecs, en particulier Hipparque pour la conception de leurs modèles cosmogoniques. Ils mirent aussi en évidence l'inégalité de longueur entre les saisons.

Notons enfin que les Babyloniens sont aussi à l'origine de la division du Zodiaque en douze parties de 30° et qu'ils adoptèrent un calendrier lunaire.

En Egypte, Les données médicales contenues dans le Papyrus Edwin Smith peuvent être datée de 3.000 ans. Les premiers exemples connus d'interventions chirurgicales ont été réalisés en Égypte aux alentours de -2.800 ans.

IMHOTEP sous la troisième dynastie est parfois considéré comme le fondateur de la médecine en Égypte antique et comme l'auteur originel du papyrus d'Edwin Smith qui énumère des médicaments, des maladies et des observations anatomiques. Le papyrus Edwin Smith est considéré comme une copie de plusieurs œuvres antérieures et a été écrit vers 1600 av. J.-C. Il s'agit d'un ancien manuel de chirurgie presque complètement exempt de références à la magie et qui décrit minutieusement *l'examen, le diagnostic, le traitement* et le *pronostic* de nombreuses maladies.

Inversement, le papyrus Ebers (c. XVIe siècle av. J.-C.) est rempli d'incantations et de rituels destinés à exorciser les démons responsables des maladies, ainsi que de superstitions diverses. Le papyrus Ebers est également le premier document décrivant des tumeurs, mais l'ancienne terminologie médicale est difficile à interpréter. Le papyrus gynécologique Kahun traite des maladies des femmes et des problèmes de conception. Nous sont parvenus trente-quatre observations détaillées avec le diagnostic et le traitement, certains d'entre eux étant fragmentaires.

Datant de 1800 avant J.-C., il s'agit du plus ancien texte médical, toutes catégories confondues. On sait que des établissements médicaux, désignés par l'expression *Maisons de vie* ont été fondés dans l'Égypte antique dès la première dynastie. Sous la 19e dynastie certains travailleurs bénéficient de divers avantages comme une assurance maladie, des pensions de retraite et l'arrêt maladie.

Le premier médecin connu était également un Égyptien : Hesyre, *chef des dentistes et des médecins* du roi Djéser au XXVIIe siècle av. J.-C. Ainsi que la première femme médecin connue, Peseshet, qui a exercé en Égypte sous la quatrième dynastie. Son titre était *responsable des femmes médecins.* En plus de son rôle de supervision, Peseshet délivrait les diplômes aux sages-femmes à l'école de médecine égyptienne de Sais.

SHEN NONG
Vers 2 800 avant J.C.

Empereur Chinois connu comme "Grand Devin".

Il lui est attribué l'invention d'un système de comptage à l'aide de nœuds sur des cordes. Il enseigna la culture des plantes et fut le premier à réunir sur un livre plus de cent remèdes d'origine végétale.

Le texte original connu comme lePen-ts'ao king ou Shen Nong Ben Cao Jing ((Traité des herbes médicales) a été perdu et n'est connu que par les commentaires qui en ont été faits par des médecins du Veme siècle. On attribue à cet empereur l'introduction de la médecine par les plantes, les techniques de la pharmacopée.

Pyramides à degrés de Saqqara en Égypte.
Début de la construction de pierre.

2 700 avant J.C.

Le premier traité de thérapeutique fut celui publié sous les auspices de Shen-Nong, empereur de Chine. La Chine a développé un vaste système de médecine traditionnelle. Une grande partie de la philosophie de la médecine traditionnelle chinoise provient d'observations empiriques de la maladie par les médecins taoïstes et reflète la conviction des chinois de l'époque classique, selon laquelle les expériences humaines expriment des principes causaux provenant de l'environnement à toutes les échelles.

Ces principes causaux, qu'ils soient matériels, essentiels ou mystiques, sont en corrélation avec l'expression de l'ordre naturel de l'univers. La tradition lettrée veut que pendant l'âge d'or de son règne, à la suite d'un dialogue avec son ministre Ch'i Pai, l'empereur Jaune aurait, composé son « *Neijing Suwen* » ou *Canon interne de l'Empereur Jaune : questions et réponses*.

Rappelons cependant que les premiers balbutiements de l'écriture chinoise se placent au XIIIe siècle avant notre ère, soit presqu'un millénaire et demi plus tard !

Au cours de la dynastie Han, Zhang Zhongjing qui a été maire de Changsha, à la fin du IIe siècle de notre ère, a écrit un *Traité de la fièvre typhoïde*, qui contient la première référence connue au *Neijing Suwen*.

Sous la dynastie Jin, le praticien et défenseur de l'acupuncture et des moxa, Huang-fu Mi, cite également l'empereur Jaune dans son *Jia Yijing*, environ 265 av. J.-C. Sous la dynastie Tang, Wang Ping affirme avoir trouvé une copie des originaux du *Neijing Suwen*, qu'il a édité et sensiblement augmenté. Mines de cuivre du Sinaï et de Nubie

-2.700 à 0 Age du Fer

HUANG DI

2698 à 2 599 avant J.C.

Troisième empereur Chinois, l'Empereur Jaune, considéré comme le créateur mythique de la civilisation, inventa les vêtements, les noms de famille, les rites. Fondateur de la Chine, il est attaché à la légende de l'écriture : son devin, Tsang-Kie, aurait imaginé les caractères chinois, en observant les traces des pattes des oiseaux :

Doté de deux paires d'yeux, il pouvait scruter les phénomènes et les choses au-delà des apparences et percer les secrets du monde.
Il aurait communiqué à son peuple les fondements de la médecine chinoise et de l'acupuncture.

On lui attribue le texte le plus ancien de médecine connu sous le nom de Nei Jing Sowen (Canon interne de l'Empereur Jaune : questions et réponses), œuvre collective datée de l'an 2800 avant J.C. ainsi que le Nei Jing Ling Shu (Canon interne : pivot sacré), œuvre collective datée de l'an 2800 avant J.C.

-2680

Pyramides de Meïdoum et de Dahchour à double pente en Égypte. Début de la voûte de pierre en plein cintre et de la voûte à encorbellement en Égypte.

Canalisation et dérivation du Nil à Abousser.

-2 600

Le ciment. Les Égyptiens utilisent un mélange de chaux, d'argile, de sable et d'eau. Vers le Ier siècle, les Romains ajoutent de la terre volcanique de Pouzzoles et inventent le ciment qui prend sous l'eau et améliore la prise et le durcissement en y ajoutant de la tuile broyée (tuileau). L'invention du ciment moderne est attribuée à Louis Vicat en 1818 en France. Ce sont les débuts du béton de ciment.

2 560 avant J.C. début de la construction de la pyramide de Kheops.

La **pyramide de Khéops** ou **grande pyramide de Gizeh** est un monument construit par les Égyptiens de l'Antiquité, formant une pyramide à base carrée. Tombeau présumé du pharaonKhéops, elle fut édifiée il y a plus de 4 500 ans, sous la IVe dynastie, au centre du complexe funéraire de Khéops se situant à Gizeh en Égypte.Elle est la plus grande des pyramides de Gizeh.

Si elle est la seule des sept merveilles du monde de l'Antiquité à avoir survécu jusqu'à nos jours, elle est également la plus ancienne.

Elle est la plus grande des pyramides de Gizeh.

Si elle est la seule des sept merveilles du monde de l'Antiquité à avoir survécu jusqu'à nos jours, elle est également la plus ancienne. Durant des millénaires, elle fut la construction humaine de tous les records : la plus haute, la plus volumineuse et la plus massive.

Ce monument phare de l'Égypte antique est depuis plus de 4 500 ans scruté et étudié sans relâche.
La grande pyramide, chef-d'œuvre de l'Ancien Empire égyptien de l'architecte Hémiounou, est la concentration et l'aboutissement de toutes

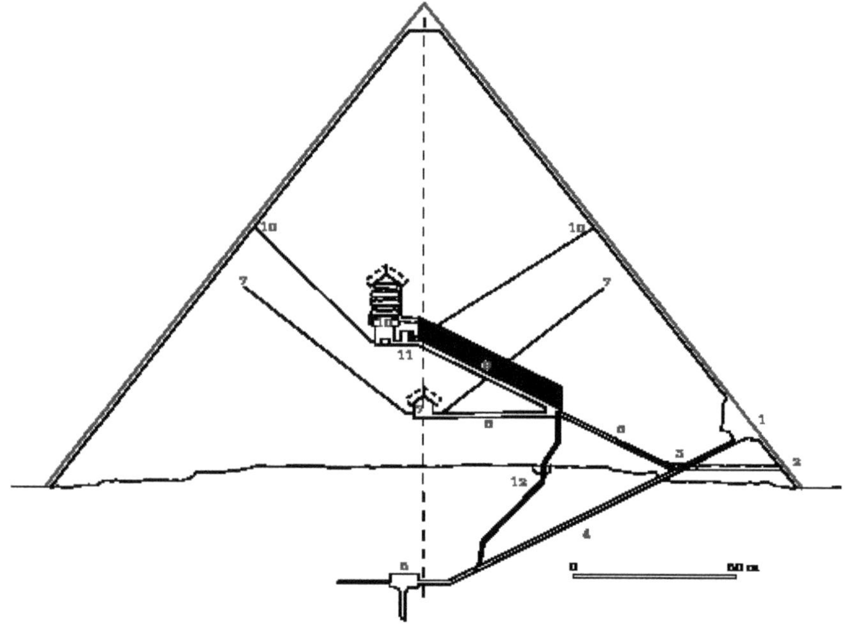

les techniques architecturales mises au point depuis la création de l'architecture monumentale en pierre de taille par Imhotep pour la pyramide de son souverain Djéser, à Saqqarah.

Toutefois, les nombreuses particularités architectoniques et les exploits atteints pour sa construction en font une pyramide à part qui ne cesse de questionner l'humanité. La Mastaba de Ti révèle un outillage agricole et artisanal développé : pêche à la nasse, travail du cuir, du bois, du métal.

La Domestication du cheval se fit **2 500 ans avant J.C.** en Asie centrale.
Les plus anciens textes Babyloniens sur la médecine remontent à l'époque de l'ancien empire babylonien dans la première moitié du IIe millénaire av. J.-C.
Cependant, le texte babylonien le plus complet dans le domaine de la médecine est le *Manuel de diagnostic* écrit par Esagil-kin-apli le médecin de Borsippa, sous le règne du roi babylonien Adad-ALPA-iddina (1069-1046 avant JC). Comme les médecins égyptiens de la même époque, les Babyloniens ont introduit les concepts de diagnostic, de pronostic, d'examen physique et de prescription.

En outre, le *Manuel de diagnostic* a introduit des méthodes de traitement et de diagnostic étiologique et le recours à l'empirisme, à la logique et à la rationalité dans le diagnostic, le pronostic et le traitement.
Les premières interrogations sur la matière, avec les expériences d'alchimie, sont liées aux découvertes des techniques métallurgiques qui caractérisent cette période. La fabrication d'émaux date ainsi de 2000 ans avant J.C.

En -2500,
Découverte en Égypte et Mésopotamie du verre.
Bronze en Mésopotamie. La carte géographique env. ou esquisse explicative de la plus ancienne carte géographique connue (époque sumérienne). Livre le plus ancien connu : l'histoire de Gilgamesh.
Des bases lavantes sont utilisées à Sumer pour le lavage et les maladies de peau. Sud-Est asiatique : Métallurgie du Bronze (Phung Nguyen au Viêt Nam du Nord). Inde : premier vêtement de coton connu trouvé à Mohenjo-daro.

-2400 - Chasse au faucon en Égypte
Métier à tisser verticaux en Égypte
Telloh dans le désert d'Arabie : premier cadastre
Le sel

- 2160 Usage courant du bronze en Égypte

Les sciences Etaient alors le fait des scribes, qui, note André Pichot, se livraient à de nombreux « jeux numériques » qui permettaient de lister les problèmes. Cependant, les sumériens ne pratiquaient pas la démonstration.

Dès le début, les sciences mésopotamiennes sont assimilées à des croyances, comme l'astrologie ou la mystique des nombres, qui deviendront des pseudosciences ultérieurement. L'histoire de la science étant très liée à celle des techniques, les premières inventions témoignent de l'apparition d'une pensée scientifique abstraite.

Le **Gnomon** est l'ancêtre du cadran solaire. C'est un simple piquet planté verticalement dans le sol et dont la direction de l'ombre portée situe approximativement le moment de l'observation par rapport à la durée du jour. Il a permis la « Première mesure » du temps.

Cet appareil, dont le plus connu est chinois remonte à 2400 avant JC et était encore employé au moyen-âge.

La Mésopotamie crée ainsi les premiers instruments de mesure, du temps et de l'espace (comme les *gnomons*, *clepsydre*, et *polos*).

Si cette civilisation a joué un rôle majeur, elle n'a pas cependant connu la rationalité puisque celle-ci « n'a pas encore été élevée au rang de principal critère de vérité, ni dans l'organisation de la pensée et de l'action, ni *a fortiori*, dans l'organisation du monde ».

Gnomon

En mathématiques, les mésopotamiens résolvaient principalement, des problèmes arithmétiques. Dès 2600 avant JC, les Egyptiens calculaient correctement la surface d'un rectangle et d'un triangle.
Ils approchaient également la valeur du nombre Pi en élevant au carré les 8/9es du diamètre, découvrant un nombre équivalant à ≈ 3,1605 (au lieu de ≈ 3,1416).

Les problèmes de volume (de pyramide, de cylindre à grains) sont résolus aisément. L'astronomie progresse également : le calendrier égyptien compte 365 jours, le temps est mesuré à partir d'une « horloge stellaire » et les étoiles visibles sont dénombrées.
En médecine, la chirurgie fait son apparition. Une théorie médicale se met en place, avec l'analyse des symptômes et des traitements et ce dès

2300 avant J.-C. En raison de son unité culturelle spécifique, la civilisation égyptienne conserve une certaine continuité. L'écriture des hiéroglyphes permet la représentation plus précise de concepts ; on parle alors d'une écriture idéographique.
La numération est décimale mais les Égyptiens ne connaissent pas le zéro.

Entre 2000 et 1600 avant JC, la numération égyptienne évolue vers un système d'écriture des grands nombres, contrairement à la numération sumérienne, par numération de juxtaposition.
Les Égyptiens bâtissaient des monuments grandioses en ne recourant qu'au système des fractions symbolisé par l'œil d'Horus, dont chaque élément représentait une fraction.

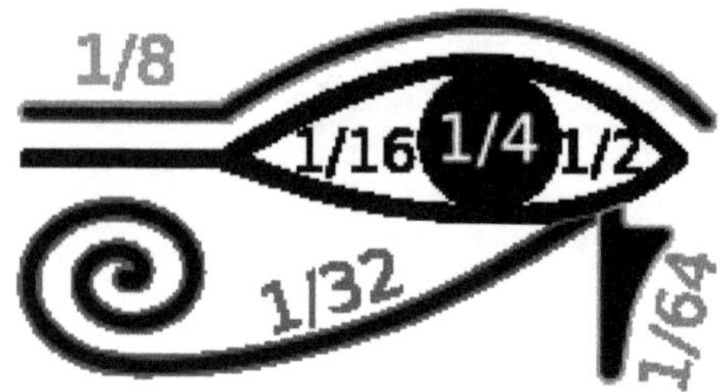

L'œil Oudiat ou œil d'Horus.

Les Chinois découvrent également le théorème de Pythagore, que les Babyloniens connaissaient quinze siècles avant l'ère chrétienne.

En astronomie, les Chinois identifient la comète de Halley et comprennent la périodicité des éclipses. Ils inventent par ailleurs la fonte du fer. Durant la période des Royaumes combattants, apparaît l'arbalète. En 104 avant J.C. est promulgué le calendrier« *Taichu* », premier véritable calendrier chinois. En mathématiques, les chinois inventent, vers le IIe siècle av. JC., la numération à bâtons. Il s'agit d'une notation positionnelle à base 10 comportant dix-huit symboles, avec un vide pour représenter le zéro, c'est-à-dire la dizaine, centaine, etc. dans ce système de numérotation.

Les meilleures sources sur les connaissances mathématiques en Égypte antique sont le Papyrus Rhind (Deuxième Période intermédiaire, XXe siècle av. J.-C.) qui développe de nombreux problèmes de géométrie, et le Papyrus de Moscou (1850 avant J.-C.) et le rouleau de cuir. À ces documents s'ajoutent trois autres papyrus et deux tablettes de bois ; le manque de documents ne permet pas d'attester ces connaissances.

Les Égyptiens ont utilisé les mathématiques principalement pour le calcul des salaires, la gestion des récoltes, les calculs de surface et de volume et dans leurs travaux d'irrigation et de construction. Ils utilisaient un système d'écriture des nombres additionnel (numération égyptienne).

On appelle **Méthode de fausse position**, une méthode de résolution algébrique (*regula*) consistant à fournir une solution approchée (*falsi*) conduisant, par un algorithme approprié tirant parti de l'écart constaté, à la solution du problème considéré.

Cette méthode est très ancienne : elle semble prendre sa source 2000 ans avant J.-C. On la trouve dans les papyrus de l'Égypte ancienne comme le papyrus Rhind et le payrus de Moscou. On la retrouve également dans les mathématiques chinoises quelques siècles avant J.-C. puis chez les mathématiciens Indiens, puis arabes (comme Al-Khwarizmi, Al-Banna) et enfin en Occident (Fibonacci, Pacioli, Recorde, ...).

Ils connaissaient les quatre opérations, étaient familiers du calcul fractionnaire (basé uniquement sur les inverses d'entiers naturels) et étaient capables de résoudre des équations du premier degré par la méthode de la fausse position.

Ils utilisaient une approximation fractionnaire de π. Les équations ne sont pas écrites, mais elles sous-tendent les explications données.

Les antécédents dans le nouveau monde (12.000 à 3.000 ans avant J.C.)

En dépit des nombreuses théories fantaisistes qui situent l'origine des Mayas sur les continents engloutis de l'Atlantide ou de Mu, ou qui la font remonter jusqu'aux tribus disparues d'Israël, tout concourt à prouver que les ancêtres des habitants du Nouveau Monde, y compris les Mayas, étaient des bandes nomades de chasseurs-cueilleurs ayant émigré depuis l'Asie en traversant le détroit de Béring.

Aujourd'hui les débats portent sur la datation de ces migrations : 12000 ou 40000 ans avant notre ère, voire une date encore antérieure.

La civilisation MAYA s'étend de 2600 avant J.-C. jusqu'à 1500 ans après J.-C. avec un apogée à l'époque classique du IIIe siècle au IXe siècle. Les mathématiques sont principalement numériques et tournées vers le comput calendaire et l'astronomie.

Les Mayas utilisent un système de numération positionnel de base vingt (numération maya). Les sources mayas sont issues principalement

des codex (écrits autour du XIIIe siècle). Mais ceux-ci ont été en grande majorité détruits par l'Inquisition et il ne reste de nos jours que quatre codex (celui de Dresde, de Paris, de Madrid et Grolier) dont le dernier est peut-être un faux.

L'écriture maya
Les glyphes

L'écriture des Mayas est un système combiné de signes idéographiques et syllabiques. Chaque glyphe est composé d'un signe principal et d'affixes qui en complètent le sens. Ces glyphes peuvent être des noms, des verbes, et forment des phrases. Si beaucoup se rapportent à des actes ou désignent des chefs dynastiques, une part importante correspond au découpage du temps.

En mathématiques, les Mayas utilisent trois signes : le point équivaut à un, la barre à cinq, et un coquillage symbolise le zéro. Ils comptent de 20 en 20, et, avec le zéro, utilisent une numérotation de position.

En mathématiques, les Mayas utilisent trois signes : le point équivaut à un, la barre à cinq, et un coquillage symbolise le zéro. Ils comptent de 20 en 20, et, avec le zéro, utilisent une numérotation de position. C'est sur ces bases que fut élaboré un système de division du temps, par cycles et depuis un jour origine.

Le calendrier

Lorsque nous donnons une date, par exemple le lundi 1er janvier 1993, nous combinons plusieurs cycles, l'un de 7 jours, le deuxième de 28 à 31 jours, le troisième de 12 mois ; et nous complétons par un nombre d'années écoulées à partir d'une année origine.

Le calendrier maya est similaire : un premier calendrier rituel combine 13 chiffres et 20 noms de jours, soit 260 possibilités ; un second calendrier, solaire, compte 18 mois de 20 jours, plus 5 jours néfastes, soit 365 jours. Avant que le même jour ne revienne dans les deux systèmes simultanément, il doit s'écouler 18.980 jours (approximativement 52 ans). Le dernier élément repose sur le nombre de jours passés depuis une date initiale, soit le jour 4 Ahau (calendrier rituel) 8 Cumku (Calendrier solaire) de l'an 3113 avant J-C Comme pour nos unités, dizaines et centaines, les Mayas utilisent des subdivisions : le kin, ou jour, est l'unité de base ; le uinal équivaut à 20 jours, le tun à 360, le katun à 7.200 et le baktun à 144.000.

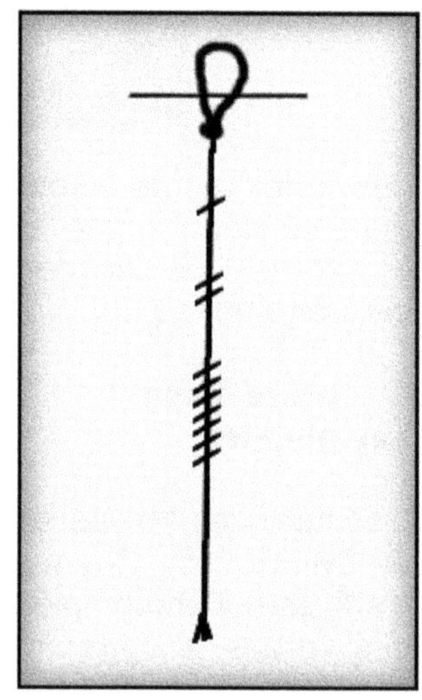

Les Mayas érigeaient régulièrement des monuments datés et inscrivaient des dates sur des stèles et des vases, signe de leur hantise du temps.

La civilisation de la vallée de l'Indus[9]

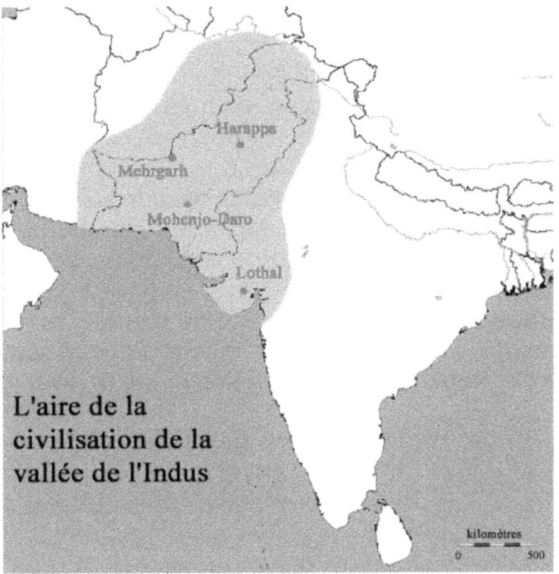

Les sources écrites les plus anciennes concernant les mathématiques indiennes sont les sulba-sutras (de 800 av. J.-C. jusqu'à 200). Ce sont des textes religieux écrits en sanscrit réglementant la taille des autels de

[9] La **civilisation de la vallée de l'Indus** (v. 5000 av. J.-C. – 1900 av. J.-C.), dite aussi **civilisation harappéenne**, est une civilisation de l'Antiquité dont l'aire géographique s'étendait principalement dans la vallée du fleuve Indus dans le sous-continent indien (autour du Pakistan moderne).

sacrifice. Les mathématiques qui y sont présentées sont essentiellement géométriques et sans démonstration. On ignore s'il s'agit de la seule activité mathématique de cette époque ou seulement les traces d'une activité plus générale.

Les Indiens connaissaient le théorème de Pythagore, savaient construire de manière exacte la quadrature d'un rectangle (construction d'un carré de même aire) et de manière approchée celle du cercle. On voit apparaître aussi des approximations fractionnaires de π et de racine carrée de deux. Vers la fin de cette période, on voit se mettre en place les neuf chiffres du système décimal. Les mathématiciens de cette époque commencent une réflexion sur l'infini, développent des calculs sur des nombres de la forme*x* qu'ils nomment première racine carrée, seconde racine carrée, troisième racine carrée. De cette époque, datent l'Aryabhata (499), du nom de son auteur, écrit en sanscrit et en vers, et les traités d'astronomie et de mathématiques deBrahmagupta (598-670).

Dans le premier, on y trouve des calculs de volume et d'aire, des calculs de sinus qui donne la valeur de la demi-corde soutenue par un arc, la série des entiers, des carrés d'entiers, des cubes d'entiers. Une grande partie de ces mathématiques sont orientées vers l'astronomie. Mais on trouve aussi des calculs de dettes et recettes où l'on voit apparaître les premières règles d'addition et de soustraction sur les nombres négatifs. Mais c'est à Brahmagupta que l'on doit les règles opératoires sur le zéro en tant que nombre et la règle des signes.
Durant la période allant de 800 à 1500 après J.C. c'est dans les régions conquises par les musulmans que se développent le plus les mathématiques.

La langue arabe devient langue officielle des pays conquis. Un vaste effort de recueils et de commentaires de textes est entrepris. S'appuyant d'une part sur les mathématiques grecques, d'autre part sur les mathématiques indiennes et chinoises que leurs relations commerciales leur permettent de connaître, les mathématiciens musulmans vont considérablement enrichir les mathématiques.

Ils l'ont fait en développant l'embryon de ce qui deviendra l'algèbre, répandant le système décimal indien avec les chiffres improprement appelés chiffres arabes et développant des algorithmes de calculs. Parmi les nombreux mathématiciens musulmans, on peut citer le Perse Al-Khwarizmiet son ouvrage *al-jabr*. On assiste à un développement important de l'astronomie et de la trigonométrie.

L'aménagement du ciel sera complété au plus tard sous l'empire néo-babylonien qui divise le zodiaque en 12 signes de 30 degrés, nommés d'après leur constellation principale. Tous les éléments de l'astrologie sont alors en place. Notons que pour des raisons historiques, l'astrologie n'a aucune crédibilité dans la science moderne. Les astronomes paléo-babyloniens établirent un calendrier luni-solaire, basé à la fois sur le mouvement apparent de la Lune et celui du Soleil.

A la base, l'année est formée de 12 mois lunaires, le mois ayant une longueur variable de 29 ou 30 jours. Evidemment, comme l'année réelle basée sur le mouvement du Soleil est un peu plus longue que 12 mois lunaires, ce système de base se serait lentement décalé avec le temps. Pour que le cycle des saisons reste fixe par rapport au calendrier, les paléo-babyloniens ajustent donc leur calendrier de base en intercalant un treizième mois lorsqu'ils le jugent nécessaire, environ tous les trois ans. Du fait de la révolution annuelle de la Terre autour du Soleil, la position apparente de notre étoile par rapport à la voûte céleste se déplace lentement vers l'est au cours de l'année. Par conséquent, chaque matin, de nouvelles étoiles qui étaient auparavant perdues dans les lueurs de l'aube deviennent visibles à l'horizon juste avant le lever du Soleil.
On appelle cette première apparition le lever héliaque (du mot grec pour le Soleil : helios). A l'époque de l'Egypte ancienne, La crue du Nil se produisait tous les ans autour du 19 juillet. Pure coïncidence, c'est aussi à cette époque que l'étoile la plus brillante du ciel, Sirius, appelée Sothis en grec et Sopdet en égyptien, avait son lever héliaque et faisait donc sa première apparition de l'année. Comme la crue du Nil allait fertiliser les

terres et nourrir le peuple, l'observation du lever héliaque de Sirius, et plus généralement du ciel nocturne, devint un élément essentiel de la civilisation égyptienne. En basant leur mesure du temps sur le mouvement apparent du Soleil, plutôt que sur les cycles de la Lune, les Egyptiens inventèrent le calendrier solaire. Comme le lever héliaque de Sirius se produisait approximativement tous les 365 jours et nuits, ils divisèrent l'année en 365 jours. Comme le cycle de la Lune durait à peu près 30 jours et nuits, ils divisèrent l'année en 12 mois de 30 jours, chaque mois étant encore divisé en trois décades de 10 jours.

Enfin, pour arriver à un total de 365, ils ajoutèrent cinq jours supplémentaires, appelés les jours épagomènes, qui devinrent des jours de célébration des dieux Osiris, Seth, Isis, Nephtys et Horus. Comme l'année astronomique ne dure pas exactement de 365 jours, le calendrier égyptien dérivait doucement par rapport au cycle de la voûte céleste, d'environ une journée tous les quatre ans. La crue du Nil ne coïncidait donc avec le début officiel de l'année que tous les 1460 ans, une longueur de temps qu'on a baptisé la période sothiaque. Il faudra attendre que Jules César instaure le calendrier julien et ses années bissextiles, en 45 avant notre ère, pour que le calendrier soit mieux aligné sur les astres.

Les Egyptiens inventèrent aussi le découpage du jour en 24 heures. Pour mieux se retrouver dans la voûte céleste et mesurer le passage du temps, ils découpèrent le ciel en petits groupes d'étoiles bien reconnaissables qui se levaient les uns après les autres au cours de la nuit. Pour coïncider avec les décades de 10 jours, chaque groupe d'étoiles avait été choisi de telle façon que son lever héliaque soit séparé du précédent de 10 jours. On comptait donc 36 groupes d'étoiles, qu'on baptisa les décans. Puisque la longueur de la nuit dépend des saisons, le nombre de décans observables pendant une nuit est variable.

Mais au début de l'été, à l'époque du lever héliaque de Sirius, la nuit ne dure qu'environ 8 heures et seuls 12 décans sont observables. Ce nombre fut pris – de manière un peu arbitraire – comme base du nouveau système. Le principe fut étendu à la journée, elle-même découpée en 12 heures. C'est ainsi que les Egyptiens établirent la journée de 24 heures que nous utilisons encore.

Histoire de L'ALGEBRE

L'algèbre a d'abord été une branche des mathématiques qui concernait les règles des opérations sur les nombres et la résolution des équations pour devenir plus tard une théorie des opérations puis des propriétés sur les êtres mathématiques en général.
Cette rubrique tente de retracer la longue épopée d'une discipline qui a commencé, il y a plus de 4000 ans, à l'époque de la civilisation babylonienne et qui aujourd'hui encore poursuit son évolution...

Les initiateurs de l'algèbre
- Babyloniens et égyptiens
- Chinois
- Grecs
- Indiens

La naissance de l'algèbre dans le monde arabo-musulman :
- al Khwarizmi et l'al jabr
- Abu Kamil
- Les algébristes arithméticiens
- Les géomètres algébristes

L'algèbre dans le monde de l'Occident :
- En Italie
- Vers le symbolisme
- Evolution moderne

Deux mille ans avant J.C., **babyloniens et égyptiens** savent résoudre de façon rhétorique des problèmes concrets du premier et second degré en utilisant implicitement des propriétés sur les opérations sans aucune notation symbolique.
Les égyptiens possèdent toutefois quelques symboles comme ceux qui représentent l'addition (une paire de jambes marchant vers la gauche, le

sens de l'écriture) et la soustraction (une paire de jambes marchant vers la droite).

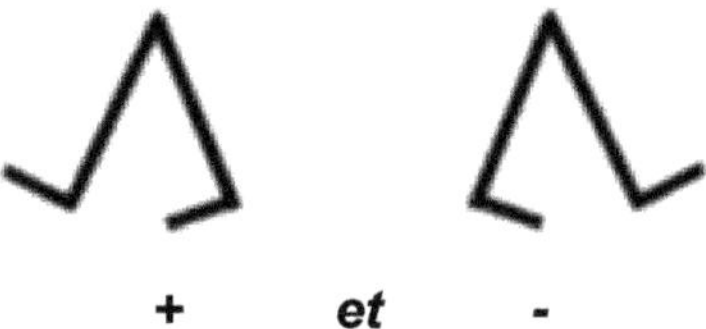

+ ***et*** **-**

Les calculateurs babyloniens désignent l'inconnue par "le côté" et la puissance deux est appelée "le carré". Il y a un peu plus de 2000 ans, **les chinois** connaissaient des méthodes pour résoudre les systèmes linéaires proches de notre méthode des combinaisons linéaires. Ils employaient également la méthode de fausse position.

Chez **les grecs**, les nombres sont intimement liés à des concepts géométriques, de ce fait, ils n'apporteront pas de techniques nouvelles de calculs. Ils s'attacheront à passer par des constructions à la règle et au compas pour représenter les solutions qui sont nécessairement des rationnels positifs. L'amorce du symbolisme en algèbre voit le jour dans « Les arithmétiques » avec Diophante d'Alexandrie (IIIe siècle) qui introduit un certain nombre d'abréviations.

Les raisonnements restent cependant écrits en toute lettre. Sa notation est dite syncopée, ce qui signifie que les mots sont remplacés par des abréviations. *Diophante* utilise des techniques algébriques sans faire référence à la géométrie et par là, il s'oppose radicalement aux méthodes passées des géomètres grecs.

En Inde Chez Aryabhata l'Ancien (476 ; 550), on trouve dans son « Aryabhatîya », écrit en sanscrit en 510, des problèmes énoncés de façon concrète qui correspondent à des équations linéaires ou à des systèmes d'équations du premier degré. Plus tard, dans le « Brahma Sphuta Siddhanta » (L'ouverture de l'Univers), datant de 628, Brahmagupta (598 ; 660) exprime des solutions d'équations quadratiques.

La naissance de l'algèbre dans le monde arabo-musulman
Le développement de l'algèbre dans le monde arabo-musulman s'est effectué en deux temps :
Au VIIe et VIIIe siècle, les mathématiciens héritent du savoir du passé (grec, indien, ...) et entre dans une longue période de traduction.
Puis, à partir du IXe siècle, de nouveaux travaux voient le jour. Son algèbre reste rhétorique sans symbolisme aucun, même pour les nombres. Il appelle « dirham » (monnaie de l'époque) un nombre simple, « chay » (chose) l'inconnue et « mal » le carré de l'inconnue.
Tous les coefficients sont positifs et tous les termes s'additionnent. Sa technique consiste à ramener toutes les équations à l'une des six équations canoniques dont il sait trouver la solution.

Il faudra ensuite distinguer deux courants dans le monde arabe :

- **les algébristes arithméticiens**
Qui voient l'arithmétique au service de l'algèbre au moyen d'algorithmes numériques performants aidant à la résolution des équations.

Abu Bakr al Karaji (953 ; 1029), au travers de son traité « al Kitab al fakhri fi l-jabr wa l-muqabala » (Le Fakhri en algèbre) en sera un acteur et fera progresser les méthodes sous l'influence des techniques algébriques des « Arithmétiques » de Diophante.
Ses méthodes de calculs algébriques sur l'inconnue et ses différentes puissances donneront naissance à la théorie des polynômes. A cette occasion, *al Karaji* expose un triangle de détermination du binôme $(a+b)^n$

- **les géomètres algébristes**
Font avancer l'algèbre par la géométrie en étudiant en particulier les constructions géométriques permettant de représenter les racines des équations. *Muhammad al Mahani* (820 ; 880) s'intéresse au problème d'Archimède de Syracuse (-287 ; -212) exposé dans le traité « Sur la sphère et le cylindre » (Proposition 4 du Livre II).

Ce problème consiste à étudier l'intersection d'une sphère par un plan. Il sera amené à résoudre par radicaux une équation du 3e degré du type $x^3 + r = px^2$, ce que les algébristes arithméticiens n'avaient pas encore tenté. Toutefois ses recherches resteront vaines. D'autres mathématiciens du Xe siècle comme *Abu Jafar al Khazin* (900 ; 971) et *al Hasan Ibn al Haytham* (965 ; 1040), plus connu sous le nom d'*Alhazen* en Europe, reprennent des problèmes venus de l'Antiquité comme la duplication du cube, la trisection de l'angle ou certaines constructions de polygones qui mènent à des équations du 3e degré.

Plus tard, le mathématicien et poète *Omar Khayyam* (1048 ; 1123) écrit un traité sur les équations cubiques « Kitab a l-jabr wa l-muqabala » (Livre d'algèbre).
Il dissocie l'algèbre de l'arithmétique et passe par les radicaux pour résoudre les équations. En utilisant les méthodes numériques ou géométriques, *Omar Khayyam* étudie les équations sous forme rhétorique mais dans des cas généraux : les coefficients sont des nombres positifs quelconques. Il remarque que les équations du 3e degré possèdent deux racines distinctes positives mais passe à côté de la troisième.

En 1170, dans « Les équations », *Sharaf al Din al Tusi* (1135 ; 1213) reprend les travaux des deux courants. Il passe par des discussions sur l'existence des racines positives en étudiant des courbes et en donnant des solutions numériques approximées. Son approche est locale et analytique. Cette conception sera poursuivie par Jemshid Al Kashi (1380 ; 1430) dans son « Traité de la corde et du sinus ». Il sera mené à donner une valeur approchée d'une équation du type $x^3 + q = px$ pour étudier le problème de la trisection de l'angle.

A partir du début du XVe siècle, les recherches mathématiques vont péricliter dans le monde arabe pour se propager en Europe en passant par l'Espagne musulmane.

L'algèbre en Occident

En Italie :

Tartaglia

Au XVe et XVIe siècle, l'algèbre prend son essor avec des méthodes de résolution pour des équations du 3e et 4e degré et l'apparition des nombres complexes. Les premières traductions de traités arabes comme le « Livre d'algèbre » d'*al Khwarizmi* ou le « Livre complet » d'*Abu Kamil* commencent à faire leur apparition.

L'Italie prend une certaine avance dans la réalisation de copies des ouvrages arabes. Celà s'explique par la constitution d'une grande classe de marchands ayant besoin de manuels de calcul.

Dans son « Liber Abaci », l'italien Léonard de Pise dit Fibonacci (1170 ; 1250) expose des éléments d'algèbre du passé qu'il enrichit de nouveaux problèmes et de nouvelles méthodes.

En 1494, dans « Summa de arithmetica, geometria, proporzioni et proporzionalita », *Luca Pacioli* (1445 ; 1517) donne une solution générale des équations du premier degré, sans notation exponentielle, mais avec de nombreuses abréviations. Il utilise par exemple les lettres *p* et *m* pour désigner respectivement une addition et une soustraction.

Lors d'un défi, l'italien *Niccolo Fontana dit Tartaglia* (1499 ; 1557) trouve la résolution générale d'équations du type $x^3 + px = q$. Dans un premier temps, il ne voudra pas dévoiler sa formule jusqu'à ce que *Gerolamo Cardano* (1501 ; 1576), au nom francisé de *Jérôme Cardan*, lui arrache.

C'est ce dernier qui, dans « Practica arithmeticae », admet sur des équations à cœfficients numériques des solutions négatives et manipule des racines carrées de nombres négatifs.

Vers le symbolisme :

En 1484, *Nicolas Chuquet* (1445 ; 1500) écrit un remarquable ouvrage d'algèbre « Triparty en la science des nombres », mais son oeuvre n'est pas publiée et mal comprise de ses contemporains. *Chuquet* résout des systèmes d'équations du premier degré, utilise habilement les nombres négatifs jusqu'aux puissances négatives et établit des notations exponentielles.

Par exemple, pour $12x^3$, il note 12^3.

MONTOUHOTEP (XIe dynastie thébaine) conquiert entre **-2050 et -1785** la Nubie et la Syrie, et pratique le commerce avec les Phéniciens. Le nom de Montouhotep est porté par quatre rois de la XIe dynastie thébaine, dont Montouhotep II, qui restaure l'unité de l'Égypte après la division et les troubles de la première Période Intermédiaire, deux rois de la XIIIe dynastie et un de la XVIIe dynastie.
La XIe dynastie est issue d'une famille de dignitaires de Thèbes, dont le fondateur est Antef l'Ancien (vers -2140). Cette ville du quatrième nome de Haute-Égypte n'a joué durant l'Ancien Empire aucun rôle politique important. Elle devient, grâce à l'ascension de la XIe dynastie, la nouvelle capitale pharaonique pour près d'un millénaire. Antef l'Ancien dirige depuis Thèbes une partie de la Haute-Égypte, à une époque où l'Égypte est divisée en plusieurs entités indépendantes à la suite de l'effondrement du pouvoir royal de Memphis. La Moyenne-Égypte est gouvernée depuis Hérakléopolis par les rois des IXe et Xe dynasties, rivaux des princes de Thèbes.

Montouhotep Ier est le premier roi de la XIe dynastie égyptienne. Il est le fils et successeur d'Antef l'Ancien ou Antef le Grand, gouverneur du nome de Thèbes, lui-même fils d'Ikou de Thèbes, lui aussi gouverneur du nome de Thèbes. Le papyrus de Turin a une lacune sur son nom. Il est certain que sa titulature lui a été attribué après sa mort.

Les Indo-Européens : de bons Aryens

Les Indo-Européens, ou Aryens, sont un ensemble de tribus nomades, implantées en Asie centrale (entre mer Noire et Caspienne). Vers -2000, poussés hors de leur aire traditionnelle, les Indo-Européens se répandent tant vers l'ouest (Europe) que vers le sud (Méditerranée, Moyen-Orient et sous-continent indien). Ils créent un vaste espace culturel, allant des îles Britanniques à l'Inde. Grecs, Latins, Celtes, Germains s'enracinent tous dans cette « indo-européanité », fondée sur la tri-fonctionnalité : au sommet, le prêtre, puis le guerrier, enfin le producteur. En Inde, où des tribus aryennes déferlent vers le sous-continent par les passes de l'Hindū Kush vers -1500, cette vision est à l'origine du système des castes, dominé par les brahmanes (les prêtres).

Montouhotep II est un souverain de la XIe dynastie, fils et successeur du roi Antef III. C'est lui qui achève la réunification du pays en menant plusieurs campagnes militaires durant les trente premières années de son règne.

La Xe dynastie hérakléopolitaine est vaincue et disparaît rapidement, mais Montouhotep II doit poursuivre durant de longues années de nombreux opposants qui n'acceptent pas la mainmise desThébains sur l'Égypte. Pour assurer les frontières, il lance plusieurs opérations contre les populations libyennes et asiatiques qui infiltrent depuis longtemps déjà les limites septentrionales de l'Égypte.
La réunification et la sécurité du pays sont établies vers -2030, et en -2021, Montouhotep II prend un nouveau nom d'Horus, « Celui qui a réuni les deux pays », pour marquer son triomphe.

Le retour à la prospérité lui permet d'engager la restauration de nombreux temples abandonnés, en reprenant à son service les artistes d'Hérakléopolis, qui ont su conserver les canons classiques de l'art de l'Ancien Empire durant la décadence de la Première période intermédiaire.

Montouhotep III (-2009 à -1997) est le fils de Montouhotep II et de la reine Tem. Il semble qu'il monte sur le trône à un âge avancé et il va continuer l'œuvre de reconstruction et de rénovation économique débutée par son père. Il poursuit la mise en valeur du pays en de nombreux lieux : El Kab, Ermant, Abydos, Éléphantine, Tôd. Il consacre une chapelle au dieu Thot à Thèbes-ouest.
-Il fait construire sur les frontières nord-est de l'Égypte une série de forteresses destinées à protéger la vallée des raids des populations asiatiques.
Il envoie une expédition pour le pays de Pount en l'an 8 de son règne, et fait reprendre l'extraction de pierres au Ouadi Hammamat. Malgré un règne qui semble prospère, la correspondance d'un prêtre contemporain du nom d'Héqanakht laisse deviner une fin de règne confuse, connaissant des troubles, ainsi qu'un début de famine dans la Thébaïde.
Il n'aura pas le temps de terminer sa sépulture située sur le site de Deir el-Bahari.

Montouhotep IV (-1997 à -1991) est le dernier roi de la XIe dynastie. Le papyrus de Turin ne le nomme pas, ni aucune autre liste royale. À sa place le papyrus de Turin indique une vacance de sept ans.

De ce fait les historiens ne retiennent pas tous ce roi, il est pourtant mentionné dans des inscriptions du Ouadi Hammamat. Ce qui est sûr, c'est qu'il va régner à une époque troublée, voire de guerre civile.
Son règne, court et mal connu, se termine semble-t-il par des troubles politiques qui entraînent la prise de pouvoir de son vizir Amenhemat. Avec ce dernier commence la XIIe dynastie.

-2 000 Le char

-1970 Début de la construction du temple de Karnak, transports de pierre sur traineaux

-1940 Première représentation d'un âne domestique à la nécropole de Beni Hassan

-1 800 Début de l'âge du bronze en Gaule ...
Abraham (civilisation de Jhudar dans la vallée de l'Indus) parle de puissance, de racine carré et cubique. L'équation du premier degré à un inconnue, par exemple de trouver le poids d'une pierre, ainsi que les équations du second degré à une inconnue dans des tablettes, illustrant 24 problèmes. On trouva même des équations du troisième degré à une inconnue, jusqu'à des équations du 8ème degré à une inconnue.

Très préoccupés d'astrologie, les peuples de Mésopotamie se mirent très tôt à observer le ciel et à consigner leurs observations par écrit, initiant ainsi une véritable science astronomique. Des tablettes de l'époque paléo-babylonienne (vers -1800) ont été retrouvées, rendant compte d'observations effectuées dès la fin du IIIe millénaire.

Cette démarche perdura durant de nombreux siècles, au cours desquels les observations gagnèrent en précision. À cet effet, les Babyloniens durent mettre au point des méthodes de calcul et de mesure pour consigner lesdites observations avec une précision scrupuleuse.

Les Hittites en Anatolie.
Aménagement du Fayoum par la création du lac Karoum et de son canal. Civilisation des mégalithes sur le littoral occidental de l'Europe occidentale, dolmens, allées couvertes, menhirs.

Règne d'Hammurabi en Mésopotamie

1792/1750 avant J.C.

La deuxième période intermédiaire, qui regroupe les XIIIème, XIVème, XVème, XVIème et XVIIème dynasties, s'étend de 1785 à 1590. Elle est marquée par l'invasion des Hyksos et l'installation des frères de Joseph (le futur peuple des Hébreux) en Egypte.

Le **Code de Hammurabi** est un texte juridique babylonien daté d'environ 1750 av. J.-C. qui est, à ce jour le plus complet des codes de lois connus de la Mésopotamie antique.
Il a été redécouvert en 1901-1902 à Suse en Iran, gravé sur une stèle de 2,25 mètres de haut comportant la quasi-totalité du texte en écriture cunéiforme et en langue akkadienne, exposée de nos jours au musée du Louvre à Paris. Plus qu'un code juridique, il s'agit en fait d'une longue inscription royale, comportant un prologue et un épilogue glorifiant le souverain Hammurabi et dont la majeure partie est constituée de décisions de justice. Il y apparait des informations essentielles pour la connaissance de différents aspects de la société babylonienne

du XVIIIe siècle av. J.-C. : organisation et pratiques judiciaires, droit de la famille et de la propriété, statuts sociaux, activités économiques, entre autres. Il convient souvent de compléter ces informations par celles fournies par les nombreuses tablettes cunéiformes de la même époque exhumées sur les sites du royaume de Babylone pour mieux comprendre le contenu du texte. Après une première moitié de règne peu active sur le plan militaire, Hammurabi réussit à vaincre et annexer ses voisins, dominant alors la majeure partie de la Mésopotamie. C'est donc le véritable fondateur du royaume babylonien en tant que puissance politique de premier plan dans l'histoire duProche-Orient ancien.

– 1.700 Emigration des juifs en Egypte.

Tout de suite pleinement elle-même

La Chine historique prend forme vers -1600 avec la dynastie Shang, qui règne sur la vallée du Huang He (fleuve Jaune). Vers -1400, apparaît l'écriture idéographique chinoise (toujours en usage en ces années 2000, tout en ayant beaucoup évolué); ce sont alors des pictogrammes gravés sur des os ou des écailles de tortue à des fins divinatoires. Dès le IIe millénaire avant J.-C., la Chine est formée : culte de la famille et des ancêtres; mandat du Ciel, sans lequel le souverain est dépourvu de toute légitimité; clans patriarcaux; rivalités interminables entre principautés et royaumes; alternance entre ordres hiérarchisés (période Chunqiu, «Printemps et Automnes», -722--481, sous laquelle vivent les deux plus grands philosophes chinois, Lao-tseu et Confucius – voir chapitre 27 «Dix personnages qui ont façonné l'histoire») et luttes entre «seigneurs de la guerre» (période Zhanguo, «Royaumes combattants», -475--221); développement, dès -500, des villes et du commerce; conscience aiguë de la menace des Barbares...

- 1550-1500 Développement de la fabrication du verre en Égypte Perfectionnement des techniques du tissage et de la teinture en Égypte. Emploi du chalumeau pour l'émaillage.

- 1500 Apparition de la brique émaillée en Égypte.

À partir de - 1500 Dynastie des Chang :
Mise au point de la technique chinoise de la laque. Premiers tissus de soie.

-1500-1480 Règne de Hatchepsout :
Mise en place à l'aide de leviers et de plans inclinés des obélisques de Karnak.

Cadrans solaire en Égypte.

-1450-1400 Âge du bronze en Scandinavie

-1425 Technique de l'apiculture en Égypte

-1415 Irrigation en Égypte.

-1400 Début de la construction du temple de Louxor.
Clepsydre en Égypte.
Âge du bronze en Chine
Âge du bronze en Scandinavie –
Technique de l'apiculture en Égypte

- 1354-1346 Trésor de Toutânkhamon

De - 1250 à – 250 Des mondes en expansion
Alors que les sociétés interagissent de plus en plus par la guerre et le commerce, les religions universelles voient le jour.

-1.250 Hexode des juifs hors d'Egypte vers la Palestine et conduits par Moïse.

-1.200 Réunion des 12 tribus d'Israël.
Un millénaire avant notre ère, l'agriculture et l'élevage dominent désormais l'économie du Monde. Celui-ci compterait 100 à 150 millions

Le serviteur du disque solaire

Pharaon de la XVIIIe dynastie, Aménophis IV (v. -1375--1354), ou Akhenaton (de l'égyptien, *âhen* : prendre plaisir, *aton* : soleil), comme il se baptise lui-même, demeure l'une des figures les plus extraordinaires de l'histoire humaine. Son père, Aménophis III (v. -1410--1370), est l'un des plus grands pharaons d'Égypte ; bâtisseur de Louksor et d'un immense temple funéraire (dont il ne reste que les colosses de Memnon).

Aménophis IV est bizarrement bâti : cou allongé, ventre saillant... Cela ne l'empêche pas d'épouser Néfertiti, « la belle est venue » (seconde moitié du XIVe siècle av. J.-C.). Le couple bouleverse tout le système religieux et social égyptien, faisant d'Aton, le Soleil source d'une bonté universelle et éternelle, le Dieu unique. Akhenaton fonde une nouvelle capitale, Tell el-Amarna, où le couple est représenté dans sa vie quotidienne. Puis, comme tant de fois dans l'histoire, l'utopie mystique sombre dans le totalitarisme policier. Akhenaton déchaîne la haine des prêtres qu'il dépossède. L'Égypte perd ses possessions extérieures et s'enfonce dans la guerre civile. Akhenaton mort, sa capitale est abandonnée, sa trace systématiquement effacée.

d'habitants. Plusieurs civilisations sont apparues, souvent dans des foyers suffisamment peuplés pour entraîner la nécessité administrative d'un usage constant de l'écriture.

La majorité de ces civilisations sont structurées autour de cités-États : en Chine du Nord ; au Pakistan ; en Mésoamérique ; au pied des Andes ; en Grèce et au Moyen-Orient... D'autres espaces civilisationnels, plus informels, reposent sur des communautés culturelles dont l'expansion est favo risée par un moyen de transport à long rayon d'action. Le premier est terrestre : en Asie centrale, l'omniprésence du cheval a favorisé l'émergence de formations politiques nomades, qui prendront de plus en plus d'importance à partir d'environ -600, avec l'affirmation d'un premier empire nomade, celui des Scythes.
Les autres sont maritimes, tel le bassin méditerranéen dominé par la thalassocratie phénicienne, avec pour cœur le port de Tyr.

La zone de civilisation maritime la plus étendue est celle des populations austronésiennes. Depuis l'Asie du Sud-Est insulaire, elles ont diffusé leurs langues dans une zone s'étendant de l'Indonésie aux îles Fidji, grâce à la mise au point de grands canoës à balanciers et de méthodes performantes de navigation en haute mer. A partir de ce moment, il est possible de percevoir trois forces unificatrices du Monde, ayant vocation à englober toujours plus de populations : l'État (qui prendra longtemps la forme de l'empire), le commerce et la religion.

Naissance et mort des Empires

Un empire naît par conquête, se prolonge par la gestion et périt dans la violence pour céder la place à un autre empire. Telle semble être la règle générale du cycle impérial : se succèdent les dynasties et les périodes de troubles. Cette dynamique se conçoit en trois étapes, que le philosophe et historien arabe Ibn Khaldûn (1332-1406) corrèle à trois générations successives de dirigeants :

1) un groupe s'empare du pouvoir et se montre expansionniste, annexant plus de territoire que son/ses prédécesseur(s).
2) ce groupe pacifie les populations qu'il contrôle pour les imposer, et perd ainsi en puissance militaire ce qu'il gagne en richesse produite et taxée ;
3) ce groupe, devenu faible, subit rébellion, invasion... Il tergiverse (diplomatie, versement de tribut...), recourt à des mercenaires pour garantir l'efficacité de son armée (ce qui lui coûte cher et le dissuade de trop y recourir). La tension entre paix (indispensable à la prospérité) et guerre (invasions consécutives à la prospérité, et/ou rébellion résultant de famines liées à des catastrophes naturelles ou des guerres) entraîne finalement la disparition de ce pouvoir et l'instauration de son successeur.

Jusqu'en - 1250, peu d'États ont pu être qualifiés d'empires. Sauf l'Égypte, unifiée vers -3000, qui montre une continuité institutionnelle liée à son relatif isolement, brisé tardivement par l'invasion Hyksôs (≈-1650/≈-1550). En Asie occidentale, l'empire a été l'exception, avec le bref micro-État axé autour d'une cité dominant ses voisines est la règle. Les mondes andins (à partir de - 3000) et méso américain (à partir de - 1300) semblent également connaître des cités-États. En Chine, il est encore difficile de déterminer si les dynasties plus ou moins mythiques (Xia, Shang, Zhou…) qui s'y sont succédées jusqu'en -221, date de la première unification impériale certaine, étaient en mesure d'exercer davantage qu'une autorité symbolique.

La première superpuissance de l'histoire semble être l'Empire assyrien, qui amorce le cycle impérial conquête-apogée-effondrement. Il atteint son apogée de -745 à -626, contrôlant les territoires s'étendant du golfe Persique à Israël, - soumettant jusqu'à l'Égypte entre -671 et -653, terrassant par ses expéditions militaires tous ses voisins.
L'Empire assyrien s'effondre en -610 face à une coalition des Mèdes et des Babyloniens. L'Empire néo babylonien lui succède dans les mêmes frontières (hors vallée du Nil), avant d'être conquis par les armées achéménides de Cyrus II, fondateur du premier Empire perse (-525/-334), qui soumet l'Égypte.

Tapputi-Belatekallim ou **Tapputi**
1200 avant J.C.

(*Belatekallim* est le titre donné à une surintendante d'un palais) est considérée comme **la première chimiste**.
C'est une parfumeuse mentionnée sur une tablette babylonienne en cunéiforme . On y trouve aussi la plus vieille mention d'un alambic. Tapputi a développé ses propres méthodes de distillation de parfums : sa recette est reproduite dans *Early Arabic Pharmacology*. Il n'est pas surprenant que les premières mentions historiques de ce procédé soient dues à des femmes, puisqu'à la base, il ressemble à des recettes de cuisine. La première description précise d'une distillerie est due à l'auteur alchimiste Zosime de Panopolis au IVe siècle.

Vers 1 200 avant J.-C., les Phéniciens inventent l'alphabet.

Chaque signe représente désormais un son et, avec un nombre très limité de signes, on peut écrire tous les mots existants. L'écriture est plus simple et le rôle des scribes diminue. Les Phéniciens sont surtout des marchands et ils voyagent beaucoup. Ils transmettent l'alphabet aux Hébreux et aux Grecs ; puis celui-ci est transmis aux Latins. Avec l'écriture, commence une nouvelle période de la vie des hommes qu'on appelle l'histoire.

La cité-État : une alternative à l'empire

Les Doriens et leurs armes de fer s'installent en Grèce vers -1100. S'ensuit une période de fragmentation politique identique à ce qui se passe alors en Asie occidentale.
D'autres populations, égéennes, s'installent vers -800 et la société grecque bifurque vers le modèle de la cité (polis): une association de citoyens, dirigée par des magistrats qui reçoivent leur autorité d'un rocessus légal de sélection ou d'élections, pour une période limitée, généralement une année.
Ce qui implique des négociations permanentes entre citoyens et dirigeants.
La citoyenneté n'est accordée qu'aux hommes adultes ; femmes, esclaves, étrangers sont exclus. Les citoyens sont tenus de combattre en personne pour la Polis[10]. Le succès militaire dépend désormais de la solidarité de chacun, armé en hoplite, tenant fermement sa lance contre l'ennemi, protégeant son voisin avec son bouclier.

L'appartenance à la Polis est censée transcender les autres, clanique, religieuse ou économique. En temps de conflit, des magistrats, tel Solon d'Athènes en -594, vont jusqu'à faire voter des annulations publiques de dette pour que des citoyens puissent payer leur équipement militaire.
Développement de la métallurgie du fer en Grèce et dans le bassin oriental de la Méditerranée.
Usage courant du bronze en Égypte.

[10] En Grèce antique, la polis est une cité-État, c'est-à-dire une communauté de citoyens libres et autonomes.

L'an 1000 avant J.C.
Invention de LA ROUE A GODETS

Les Chinois pompaient déjà ! Certains textes anciens décrivent en effet les techniques de pompage de la nappe phréatique. Il s'agit d'une roue reliée à des godets en argile qui versent l'eau lorsqu'ils atteignent le sommet. Vers l'an trois cents de l'ère chrétienne, les ingénieurs romains ont remplacé les compartiments en bois par des pots en céramique attachés à la partie extérieure d'une roue ouverte, système repris par la noria. Cette machine, sous le nom de *tympanum*, *antlia*, *antlitrochos*, *trochantlicon*, *hydrotrochos*, sera largement diffusée par les ingénieurs romains sur l'ensemble de l'Empire et sera en usage dans la majeure partie du monde romain.

Illustration d'une roue à godets chinoise

Plus tard, au VIIe siècle, lorsque les provinces orientales de l'Empire romain, Palestine, Syrie, Mésopotamie, Égypte, à la suite des défaites de

l'empereur Héraclius, puis au VIIIe siècle, l'Espagne, tomberont sous la domination arabe.
Ces machines y resteront en usage et les ingénieurs du monde musulman en conserveront les modèles romains, puis y ajouteront quelques modifications.

Le cheval apparaît en Grèce

Début de la construction de l'Heraion d'Olympie, en bois. Utilisation du savon en Syrie. Le mot savo est utilisé pour la première fois par Pline l'Ancien pour caractériser un shampoing décolorant utilisé par les Gaulois.
Culture du millet, du riz et de l'orge en Chine

Vers - 900 Premières colonies grecques d'Asie Mineure

-860 Premier âge du fer en Étrurie.
Civilisation villanovienne de Toscane et du Latium

- 800 ans Cadran solaire.
Domestication du chameau

776 avant J.C. Les premiers Jeux Olympiques ont lieu en Grèce à Olympie.

Les premiers Jeux Olympiques se déroulent à Olympie, d'où leur nom. Selon la légende, ils furent instaurés par Héraclès en personne, tandis que les Dieux avaient donné l'exemple avec des épreuves de lutte et de pugilat.

Les Jeux se tiendront tous les quatre ans

et seront un symbole de l'unité culturelle des cités grecques ainsi que de la valeur qu'elles accordent aux athlètes.

Les Jeux sont accompagnés d'une trêve militaire stricte tandis que seuls les citoyens, hommes libres, sont en droit d'y participer.

Des jeux équivalents ont lieu à la même époque à Némée (Jeux Néméens), à Corinthe (Jeux Isthmiques) et à Delphes (Jeux Pythiques).

Les anciens pensaient que la plupart des villes avaient été fondées par un héros qui donnait en géneral son nom à la ville. Rome n'échappa pas à cette régle.

- 770 Âge du fer en Chine.

753 avant J.C. Fondation de la ville de Rome.

Les deux frères Romulus et Rémus ne purent se contenter de vivre paisiblement à Albe-la-longue et partirent tous deux fonder une nouvelle ville. Ils tombèrent d'accord sur le principe de fonder leur ville à l'endroit même où ils avaient été sauvés.
Mais l'endroit exact n'est pas encore bien déterminé dans leur esprit. C'est pour le connaître qu'ils décident d'interroger les présages. Pour cela, Romulus s'installa sur le Palatin et Rémus sur l'Aventin.

La ville serait fondée à l'endroit où les présages seraient les plus favorables. Rémus vit le premier six vautours, tandis que Romulus en vit douze. Le ciel ayant ainsi décidé en faveur du Palatin et par conséquent de Romulus.
Rémus ne fut pas entièrement d'accord car si le nombre d'oiseaux qu'il avait vu était inférieur numériquement c'était bien lui qui les avait vus le premier. Romulus se mit en devoir de tracer l'enceinte de sa ville. Cette première enceinte était un simple fossé creusé par une charrue attelée de deux boeufs. Rémus, déçu de n'avoir pas été favorisé par le ciel, se moqua de cette enceinte si aisément franchissable et, d'un saut, pénètra à l'intérieur du périmètre que venait de consacrer son frère.

Celui-ci, irrité devant ce sacrilège, tira son épée, et tua Rémus. Dans la plus ancienne forme de la légende, il semble bien que ce meurtre ait eu comme cause uniquement le sacrilège de Rémus.
Romulus fut désespéré de son crime et, dit-on, songea même à se suicider. Il enterra Rémus sur l'Aventin, à l'endroit qui prit, à la suite de cet événement, le nom de Remoria. C'est par la légende de Rémus que l'on expliquait le fait que, jusqu'au temps de l'empereur Claude, en 49 de notre ère, l'Aventin demeura extérieur au pomérium (l'enceinte).

-712-663 Métallurgie du fer en Égypte.

-700 Acclimatation du coton par Sennacherib en Assyrieers

–675 Début du monnayage en Asie Mineure

Vers –650 - Premières monnaies grecques.
On commence à cette époque en Grèce à substituer la pierre au bois pour la construction des temples

Vers –650-600
Invention mythique d'un grand nombre d'outils par Dédale et ses imitateurs : scie, hachette, fil à plomb, roue, compas.

La prothèse la plus ancienne connue est une jambe romaine en bronze conservée à Londres et détruite par un bombardement de la 2e guerre mondiale - Une prothèse au moins d'esthétisme mais dont la vocation médicale est encore à l'étude en 2007 au centre d'égyptologie biomédicale de l'université de Manchester a été trouvée à la place du gros orteil d'une momie. Elle a été datée de -600 à -1000.

Principe de filiation entre les œuvres des ingénieurs de l'Antiquité

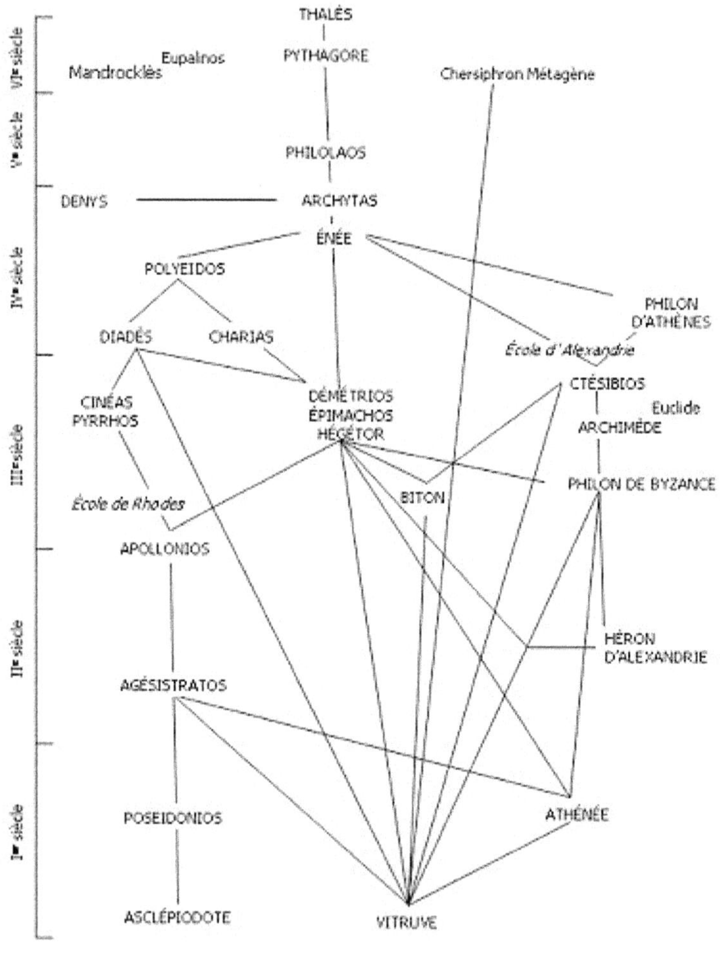

630/550 avant J.C. *ZOROASTRE, Zarathoustra*

Pour les Perses est un « prophète », fondateur du zoroastrisme. Il est difficile, étant donné l'époque et l'importance du personnage, sources de nombreuses affabulations, de donner des dates et des lieux précis à son sujet. Il serait né dans le nord ou l'est de l'actuel Iran. Traditionnellement, l'histoire de sa vie est présentée comme se déroulant entre les VIe et VIIe siècles av. J.-C. mais de nouvelles études tendent aujourd'hui à repousser cette estimation pour finalement situer sa vie entre les XVe et XIe siècles av. J.-C.
Quelques bribes de sa vie sont connues grâce aux hymnes gathiques de l'Avesta, rédigés dans une langue indo-iranienne archaïque, vieille

d'environ 3 000 ans, l'avestique. Celle-ci se montre très proche des textes védiques indiens du *Rig-Véda*, où l'on retrouve le même type de grammaire que dans le livre saint de Zoroastre.

On le connaît aussi à travers la tradition qui rapporte un récit épique de sa vie, tel un scénario exemplaire empli d'événements surnaturels et de miracles.

Il est donc perçu comme un personnage historique, mais les dates à son sujet sont très discutées.

THALES de MILET
625 à 547 avant J.C.

Premier philosophe dela nature, scientifique et mathématicien grec

Il est d'abord un commerçant et un ingénieur mais aussi un homme politique. Après sa mort, circulèrent sur son compte des récits plus ou moins inventés dont Hérodote a recueilli une partie. On peut voir la suite de ses récits dans Diogène. On peut admettre que Thalès devait se représenter la terre comme plate, et les astres, de leur coucher à leur lever, comme la contournant en naviguant sur l'Océan qui l'entoure.

Par un emprunt, plus ou moins exact, aux croyances cosmologiques de l'Orient, Thalès devait se représenter le ciel comme une voûte liquide reliée à l'océan et sur laquelle les barques célestes auraient continué leur course.

Il est plus naturel, semble-t-il, d'admettre chez Thalès une conception de ce genre, donnant à l'eau une importance cosmologique énorme, que de supposer qu'il se soit philosophiquement attaqué, le premier des Grecs, au problème de l'origine des choses et qu'il l'ait résolu en indiquant l'eau comme le principe primordial.

ANAXIMANDRE de MILET

Né vers 625 avant J.C. à Milet et mort vers **546 avant J.C.** dans cette même ville.

Philosophe et savant grec

On suppose qu'il succéda à Thalès comme maître de l'école milésienne, et il aurait eu Xénophane, Pythagore et Anaxi mène parmi ses élèves.
Il est le premier grec connu à avoir tenté de décrire et expliquer l'origine et l'organisation de tous les aspects du monde d'un point de vue que l'on qualifie rétrospectivement de scientifique.

Nombre de philosophes et commentateurs contemporains estiment pour cette raison que les théories d'Anaximandre représentent une étape essentielle et révolutionnaire de l'histoire des sciences.
Anaximandre passe également pour le premier philosophe à avoir consigné ses travaux par écrit, mais seules quelques phrases sont parvenues jusqu'à nous.

Les témoignages antiques permettent de se faire une idée de leur nature et de leur étendue, qui couvre la philosophie, l'astronomie, la physique, la biologie, la géométrie et la géographie.

En suivant et résumant les témoignages qui nous sont parvenus, on peut dire qu'Anaximandre plaçait l'*apeiron* comme substance ou principe originel, source, réceptacle de tout, éternel et indestructible, la cause complète de la génération et de la destruction de tout.

Pour Anaximandre, le principe des choses n'est pas déterminé ; il n'est pas un des éléments, comme c'était le cas chez Thalès. Pas plus qu'il ne s'agit de quelque chose d'intermédiaire entre l'air et l'eau, ou l'air et le feu, plus dense que l'air et le feu et plus subtile que l'eau et la terre.

Le raisonnement sous-jacent à cette conception d'Anaximandre du principe de toutes choses semble pourvoir être reconstitué de la manière suivante : tout ce qui devient a un commencement et une fin ; en bref des limites spatio-temporelles.
Ce qui a un commencement et une fin ne peut être la cause éternelle de tous les êtres ? Donc seul ce qui est illimité et indéterminé peut être une cause universelle, indestructible et permanente.
À partir de l'*apeiron*, Anaximandre explique comment se forment les quatre éléments de la physique ancienne (l'air, la terre, l'eau et le feu) et, sous leurs interactions, comment se forment la Terre et les êtres qui l'habitent.

Il relie en outre l'engendrement non pas à l'altération de l'élément, mais à la séparation des contraires à ravers le mouvement éternel.
Selon Anaximandre, l'Univers tire son origine de la séparation des contraires de la matière primordiale.

Le processus par lequel la substance originaire s'est différenciée est chez lui une sorte de tourbillon, semblable à ceux qu'on observe dans un

cours d'eau ; ce tourbillon a opéré un processus de séparation et de triage.
Ainsi, le chaud se déplaça vers le haut, se séparant du froid, et ensuite le sec se sépara de l'humide.
De la dessiccation d'une matière humide, peut-être terreuse, naissent des vivants, l'homme étant le produit final d'une évolution à partir d'animaux aquatiques. Anaximandre fut le premier à concevoir un modèle mécanique du monde. La Terre flotte en équilibre, immobile au centre de l'infini, sans être soutenue par quoi que ce soit. Elle demeure « au même endroit à cause de son indifférence » : il expliquait en effet l'immobilité de

Il fut l'un des « Sept sages » de la Grèce antique et le fondateur présumé de l'école milésienne. Philosophe de la nature, il passe pour avoir effectué un séjour en Égypte, où il aurait été initié aux sciences égyptienne et babylonienne. On lui attribue de nombreux exploits arithmétiques, comme le calcul de la hauteur de la Grande Pyramide ou la prédiction d'une éclipse, ainsi que le célèbre théorème de Thalès. Il fut l'auteur de nombreuses recherches mathématiques, notamment en géométrie. Personnage légendaire, qui semble n'avoir rien écrit, sa méthode d'analyse du réel en fait l'une des figures majeures du raisonnement scientifique. Il a su s'écarter des discours explicatifs délivrés par la mythologie pour privilégier une approche naturaliste caractérisée par l'observation et la démonstration.

la Terre au milieu du cosmos par la symétrie de la position qu'elle y occupe qui ne lui donne aucune raison de se déplacer d'un côté plutôt que d'un autre.

Ce point de vue considéré comme étant ingénieux, mais faux par Aristote dans son *Traité du ciel*. Sa forme curieuse est celle d'un cylindre dont la hauteur est le tiers de son diamètre.

La partie plane du dessus forme le monde habitable entouré d'une masse océanique circulaire. Un tel modèle cylindrique permettait de concevoir que les astres aient pu passer en dessous. Cette représentation est novatrice par rapport à l'explication de Thalès d'un monde qui flotte sur l'eau.

L'**apeiron** est un concept philosophique présenté la première fois par Anaximandre pour désigner ce principe originel. Pour Anaximandre, c'est l'apeiron, qui signifie illimité, indéfini et indéterminé, qui est le principe et l'élément de tout ce qui existe. L'apeiron est inaccessible à la sensibilité mais il doit exister.

Il est nécessaire pour expliquer l'existence de tout ce que nous percevons. Il ne peut posséder de qualité déterminée et n'est désigné que négativement. La thèse d'Anaximandre que la Terre est suspendue dans le ciel, sans aucun support, est considérée comme la première révolution cosmologique et un point de naissance de la pensée scientifique.

Karl Popper a appelé cette idée « l'une des idées les plus audacieuses, les plus révolutionnaires, les plus prodigieuses de toute l'histoire de la pensée humaine, » car elle ouvre la voie à Aristarque et Copernic, et anticipe dans une certaine mesure Newton.

Selon Simplicius, Anaximandre suggérait déjà, comme Leucippe, Démocrite et plus tard Épicure, la pluralité des mondes. Anaximandre expliquait des phénomènes, tels que le tonnerre et les éclairs, par l'intervention des éléments et non par des causes divines.

Le tonnerre serait le son produit par le choc de nuages sous l'action du vent, la force du son étant proportionnelle à celle du choc.
S'il tonne sans qu'il éclaire, c'est parce que le vent est trop faible pour produire une flamme, mais assez fort pour produire un son.
L'éclair, quant à lui, serait une secousse d'air qui se disperse et tombe en permettant à un feu peu actif de se dégager et la foudre, le résultat d'un courant d'air plus violent et dense.

Il considérait que la mer était ce qui restait de l'humidité originelle. Selon lui, la terre avait autrefois été entourée d'une masse humide dont l'évaporation d'une partie sous l'effet du soleil causa les vents et même la rotation des astres, comme si ceux-ci devaient aux vapeurs et aux exhalaisons marines leur mouvement en tentant de suivre les endroits où elles sont plus abondantes.
Pour lui, la terre s'asséchait lentement et l'eau ne subsistait que dans les régions les plus profondes, qui elles aussi seraient un jour sèches. Si l'on se fie aux *Météorologiques* d'Aristote, Démocrite partageait aussi cette opinion. De manière analogue, Anaximandre expliquait la pluie comme un produit de l'humidité pompée de la terre par le soleil.

Strabon et Agathémère, deux géographes grecs très postérieurs à Anaximandre, affirment au début de leurs ouvrages sur la géographie que, selon Ératosthène, Anaximandre avait été la première personne à publier une carte du monde.

Hécatée se serait inspiré de son dessin pour en produire une plus précise. Strabon considère Anaximandre et Hécatée comme les deux premiers *Reconstitution hypothétique de la carte du monde d'Anaximandre.* Dans son œuvre philosophique « *De la divination* », Cicéron raconte qu'Anaximandre aurait pressé les habitants de Lacédémone d'abandonner leur ville et leurs maisons pour passer la nuit dans la campagne avec leurs armes parce qu'un séisme se préparait.
La ville s'est effectivement effondrée alors qu'un sommet du Taygètes est fendu comme la poupe d'un navire.

Géographes d'après Homère

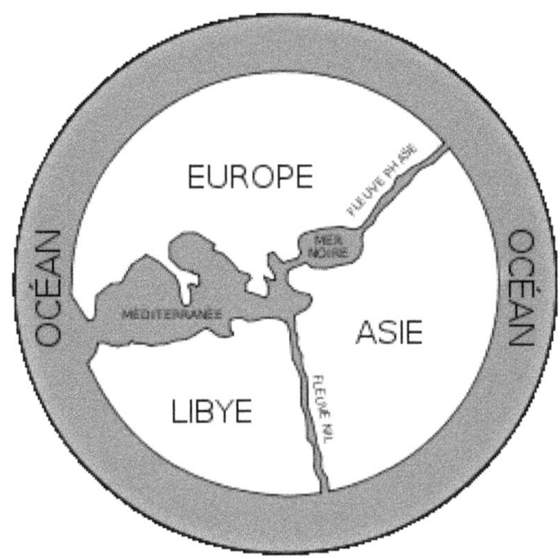

600 avant J.C. Fondation de MASSALIA (future Marseille) par les Phocéens.

Les Grecs ont fondé beaucoup de **cités** en dehors de la Grèce. Ils les ont fondées tout autour de la Méditerranée. On appelle ces cités des **colonies**. **Massalia** est une cité grecque fondée par les habitants de Phocée au 7e siècle avant J.-C. Elle devient rapidement une colonie importante et un petit État indépendant. Vers 600 avant J.-C., ils accostent au sud de la Gaule. **Justin,** un auteur romain raconte la légende de la création de Massalia. « Les commandants de la flotte furent Simos et Protis. Ils vont ainsi trouver le roi des Ségobriges, appelé Nannus, sur les territoires duquel ils projetaient de fonder une ville. Il se trouva que ce jour-là le roi était occupé aux préparatifs des noces de sa fille Gyptis, qu'il se préparait à donner en mariage à un gendre choisi pendant le banquet, selon la coutume nationale.

Et ainsi, alors que les prétendants avaient été invités aux noces, les hôtes grecs sont aussi conviés au festin.

Ensuite, alors que la jeune fille, à son arrivée, était priée par son père d'offrir de l'eau à celui qu'elle choisissait pour époux, elle se tourna vers les Grecs sans tenir compte de tous les prétendants et offrit de l'eau à Protis qui, d'hôte devenu gendre, reçut de son beau-père un emplacement pour fonder la ville. »

Vers – 600
Production d'argent à THASOS et à SIPHONO.

Mines du Laurion.
Colonies grecques du Pont-Euxin.

PYTHAGORE

Né vers 580 av J.C. *à Samos et mort vers* ***495 avant J.C.***

Réformateur religieux et philosophe présocratique

Il attire à Crotone de nombreux philosophes et mathématiciens, fondant ainsi l'école pythagoricienne. On y affirma la sphéricité de la Terre, celle du Soleil et de la Lune en étant un indice. Toutes les formes et les mouvements célestes se devaient d'être parfaits, donc sphériques ou circulaires.

Le philosophe pythagoricien Parménide (-543, -449) fut le premier à exprimer la sphéricité de la Terre ainsi que le fait que la Lune était éclairée par le Soleil.
Il aurait été également mathématicien et scientifique selon une tradition tardive. Le nom de Pythagore, étymologiquement « celui qui a été annoncé par la Pythie [11]», découle de l'annonce de sa naissance faite à son père lors d'un voyage à Delphes. La vie énigmatique de Pythagore permet difficilement d'éclaircir l'histoire de ce réformateur religieux, mathématicien, philosophe et thaumaturge.
Il n'a jamais rien écrit, et les soixante et onze lignes des *Vers d'Or* qu'on lui attribue sont apocryphes et sont le signe de l'immense développement de la légende formée autour de son nom.
Le néopythagorisme est néanmoins empreint d'une mystique des nombres, déjà présente dans la pensée de Pythagore.

Hérodote le mentionne comme « l'un des plus grands esprits de la Grèce, le sage Pythagore » ». Il conserve un grand prestige ; Hegel disait qu'il était « le premier maître universel ». D'après un écho marquant d'Héraclide du Pont, Pythagore serait le premier penseur grec à s'être qualifié lui-même de « philosophe ». Les Pythagoriciens s'appliquèrent tout d'abord aux mathématiques…

Trouvant que les choses modèlent essentiellement leur nature sur tous les nombres et que les nombres sont les premiers principes de la nature entière.

---

[11] La **Pythie**, également appelée **Pythonisse**, est l'oracle du temple d'Apollon à Delphes. Elle tire son nom de « Python », le serpent monstrueux qui vivait dans une grotte à l'emplacement du site actuel du sanctuaire, et qui terrorisait les habitants de la région autour du Mont Parnasse avant d'être tué par Apollon, ou bien de « Pytho », le nom archaïque de la ville de Delphes.

Les Pythagoriciens conclurent que les éléments des nombres sont aussi les éléments de tout ce qui existe, et ils firent du monde une harmonie et un nombre. Pythagore donne des nombres une représentation géométrique. Les démonstrations arithmétiques s'appuient sur des figures et cette méthode porte le nom d'arithmétique géométrique.

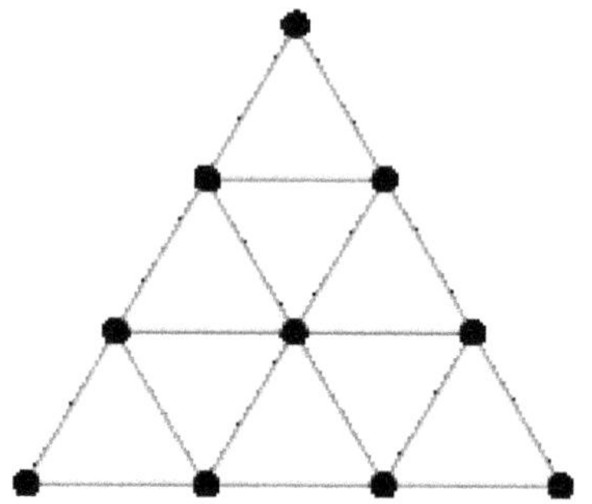

Chaque unité est figurée par un point, de sorte qu'on a des nombres plans (1, 4, 9, 16, etc. sont carrés ; 1, 3, 6, 10, etc. sont triangulaires), rectangulaires, solides (cubiques, pyramidaux, etc.), linéaires, polygonaux. Le premier nombre pyramidal est 4 (selon Philolaos). Cette méthode permet le calcul de la somme des premiers entiers, des premiers entiers impairs ou encore le calcul de triplets pythagoriciens. Il proclamait que tout est nombre et que le nombre complet est dix. Le nombre dix, la décade est un composé des quatre premiers nombres que nous comptons dans leur ordre.

C'est pourquoi il appelait **Tétraktys** (Tétrade) le tout constitué par ce nombre. » 1 + 2 + 3 + 4 = 10 : nombre triangulaire de côté 4, où la tétrade vaut la décade et cache les rapports harmoniques des intervalles de quarte (3:4), quinte (2:3) et octave (1:2). Dès Archytas peut-être ou après Platon, les pythagoriciens associent le 1 au point, le 2 à la ligne, le 3 à la surface, le 4 au solide.

Il a découvert les médiétés » : les proportions, les formules des moyennes. Pythagore découvre 3 des 11 proportions possibles entre 3 termes (a, b, c) : les proportions arithmétique, géométrique et harmonique ; les autres seront découvertes par d'autres pythagoriciens, dont Hippase de Métaponte, Archytas.

Le calcul mésopotamien permet d'autres progrès. Construire un pentagone régulier suppose la construction de la proportion d'extrême et de moyenne raison, maintenant appelée nombre d'or. Elle correspond au rapport entre une diagonale et un côté. Le calcul mésopotamien permet d'en venir à bout et c'est probablement au pythagoricien Hippase de Métaponte que l'on doit cette découverte. Cependant, ici la procédure mésopotamienne n'a plus pour objectif un calcul, mais une construction géométrique. Cet usage du calcul, permettant de traiter des questions du second degré, met en évidence des proportions qui ne sont pas des fractions. On peut construire ainsi des longueurs, comme la diagonale et le côté d'un pentagone régulier, telles qu'il n'existe aucune unité permettant d'exprimer ces deux longueurs comme des entiers. De telles longueurs sont dites incommensurables. La découverte de ces proportions est probablement l'œuvre des premiers pythagoriciens.

On l'attribue parfois à Hippase à l'aide d'un raisonnement sur le pentagone. Cette découverte, que les historiens Michel et Itard qualifient de *viol fécond* engendre initialement une grave crise, puis nourrit et enrichit pendant deux siècles les mathématiques grecques.

Pythagore est considéré dans la tradition occidentale comme le premier adepte du végétarisme de l'humanité *qui ne vit plus dans l'âge d'or*, âge d'or où l'on était effectivement végétarien. En médecine, les pythagoriciens ont leurs techniques : régime, cataplasmes, médicaments, refus des incisions et cautérisations, « incantations pour certaines maladies », musique, « vers choisis d'Homère et d'Hésiode ».

On trouve la tripartition indo-européenne :

1) médecine par les herbes relevant des producteurs,
2) médecine par incisions et cautérisations relevant des guerriers,
3) médecine par incantations relevant des rois-prêtres ou philosophes.

Comme la musique purge l'âme, la médecine purge le corps. La notion de purification, ou de catharsis est centrale.

La naissance des Idéologies universelles

Qu'ont en commun confucianisme, taoïsme, bouddhisme, hindouisme, jaïnisme, zoroastrisme, judaïsme et pensée grecque, en sus d'être à la source des idées qui structurent notre Monde ?
Ils sont tous nés au même moment, entre les 7e et 3e siècles avant notre ère. L'auteur de cette remarque, le philosophe allemand Karl Jaspers, a baptisé en 1949 cette période le « Moment axial ». Alors que les sociétés se complexifient, de nouvelles idéologies élargissent la base du vivre-ensemble.

La plupart prônent, dans une simultanéité qui ne doit pas masquer de grandes disparités, le rejet de la violence, l'interdiction de voler, l'exigence du respect d'autrui.
Le confucianisme est fondé par Confucius, ou Kong Fuzi (- 551/- 479), fonctionnaire chinois qui pose dans les Entretiens qu'on lui prête avec ses disciples une idéologie combinant esprit critique et respect de la hiérarchie. Le gentilhomme (junzi) doit agir en rectitude, conformément aux rites, s'efforcer d'étudier et de faire le bien. L'ordre social veut que chacun se conforme aux instructions de ses supérieurs, le fils doit obéir au père, etc.

Ce qui n'exclut pas la remontrance si le supérieur oublie la vertu qui devrait être la sienne. Cette philosophie du vivre-ensemble, qui ne se prononce pas en matière religieuse, sera souvent mobilisée par les élites impériales chinoises afin de renforcer la cohésion de leur administration.

Kong Fuzi est crédité de la première formulation de la Règle d'or - « N'inflige pas aux autres ce que tu ne voudrais pas qu'ils te fassent » -, qui manifeste un souci d'empathie et d'équité universelle transcrit, sous des formulations diverses, dans nombre des idéologies du Moment axial.

Le taoïsme se donne comme ancêtre Lao Zi, personnage mythique crédité d'un débat avec Kong Fuzi, et de la paternité d'un recueil d'aphorismes aux multiples interprétations, le Daodejing,
Livre de la voie et de la vertu.
Le taoïsme est à ses débuts une pensée chinoise d'origine chamanique, prescrivant de se tenir en retrait du monde.

Il débouche rapidement sur des quêtes individuelles, mêlant mystique et éthique individualiste, visant à l'obtention d'une longue vie, voire de l'immortalité par des exercices physiques et/ou des recherches alchimiques. à partir du 3e siècle de notre ère, cette idéologie devient une religion adoptée par nombre de groupes rebelles aux États chinois.

Le légisme, apparu en Chine au 7e siècle avant notre ère et synthétisé par Shang Yang (≈ - 390/≈ - 338), est une idéologie faisant de l'État le seul garant du vivre-ensemble. Pour ses défenseurs, la tradition, défendue par les confucéens, est un poison mortel qui empêche de s'adapter aux circonstances.

La fin justifie les moyens. Le prince n'a pas à être moral, il doit viser l'efficacité que procurent une justice sévère, une agriculture puissante et une armée agressive.

Le moïsme est une idéologie pacifiste et communautaire due au philosophe chinois Mozi
(≈ - 479/≈ - 392). Au cours des 4e- 3e siècles avant notre ère, le moïsme s'organise en un mouvement militaro-religieux, fédérant des paysans qui collectivisent des terres.
Le mouvement applique une discipline sévère découlant d'un verdict d'utilité (religion ou deuil ne servant à rien, il est inutile de les pratiquer), et défend qu'il existe un intérêt général qui doit l'emporter sur les excès des nantis. Il disparaît à la fin de la période des Royaumes combattants, et sera vu par certains comme un précurseur du communisme chinois du 20e siècle - non sans quelque anachronisme.

Le bouddhisme est fondé par Shakyâmuni, dit le Bouddha, l'Éclairé, au 6e ou 5e siècle avant notre ère. Ce personnage à la vie légendaire dresse un implacable constat, résumé en « quatre nobles vérités » :
1) toute vie est souffrance ;
2) cette souffrance est engendrée par l'avidité et l'ignorance ;
3) connaître les raisons de la souffrance permet de l'abolir ;
4) il faut pour cela emprunter la voie du Milieu... Sans excès ni ascèse, prendre refuge dans les Trois Joyaux - le Bouddha, le Dharma (la voie), le Sangha (la communauté, initialement monastique) et respecter le Noble Chemin octuple, qui enjoint de comprendre, de penser, de parler, d'agir, de vivre, de travailler, de veiller et de se concentrer pleinement, en harmonie avec ce qui nous entoure.

Le brahmanisme n'a pas de fondateur. Dans les Veda, le Brahman est le principe d'absolu au fondement de toutes choses. Si le bouddhisme et le jaïnisme peuvent être vus comme une réaction à la société de castes qui s'esquisse alors en Inde, le brahmanisme semble une tentative d'instituer cet ordre cosmique, de le refléter dans l'organisation sociétale autour de rites sacrificiels.

Les quatre varna (grandes catégories de castes) se voient attribuer un rôle définitif, reflété dans l'épopée Mahâbhârata : les brahmanes (prêtres) sacrifient et enseignent, les ksatrya (guerriers) combattent, les vaishya (paysans et artisans) produisent, les shudra (serviteurs) assistent... De cette base sont nés une multitude de cultes, regroupés sous le terme d'hindouisme.

Le jaïnisme est fondé par Mahâvîra, dit Jina, le « vainqueur ». Il pose la non-violence (ahimsa) comme fondement. Les laïcs sont végétariens - on ne tue pas. La règle est plus exigeante pour les moines. Pour les plus « sages », il s'agirait d'avoir la force de se laisser mourir d'inanition, à l'image du Jina qui s'est ainsi affranchi de la malédiction des renaissances.

Le zoroastrisme ou mazdéisme est issu d'une réforme du védisme iranien, opérée entre le 10e et le 7e siècle avant notre ère par un supposé prophète Zarathoustra, « celui dont les chameaux sont vieux », francisé en Zoroastre. Les textes sacrés du mazdéisme posent une cosmogonie opposant un dieu de la Lumière, Ahura Mazda, à un dieu du Mal, Angra Manyu, et défendent une prééminence du mental sur le matériel. Cette religion dualiste a parfois été assimilée à un premier monothéisme. Le judaïsme semble s'élaborer en Judée à partir du 7e siècle avant notre ère. Les élites défendent alors un monothéisme renforçant leur pouvoir autour du seul lieu de culte présenté comme légitime, le Temple de Jérusalem. La Bible hébraïque est une compilation de textes affirmant qu'il n'existe qu'un seul Dieu.

Elle défend un message universaliste initialement forgé dans les prétentions territoriales du royaume de Juda, broyé par la puissance néobabylonienne de Nabuchodonosor II en -587.
Le Premier Temple est détruit, les élites du royaume déportées. Elles ne reviendront pour partie qu'en -539, libérées par l'empereur perse Cyrus II.

La pensée grecque s'épanouit au même moment. Le philosophe français ernest Renan (1823-1892) évoquait un « miracle grec » pour qualifier les avancées sociétales et culturelles de la Grèce des 6e-5e voire 4e siècles av. notre ère.

Les épopées de l'Iliade et de l'Odyssée, attribuées à Homère, sont mises par écrit et versées dans les premières bibliothèques (peut-être sur une idée du tyran athénien Pisistrate). à cette époque s'élaborent aussi, en Grèce, les traditions classiques de l'europe en architecture, sculpture, théâtre (eschyle, Sophocle…), histoire (Hérodote, Thucydide…), philosophie (Socrate, Platon, Aristote…), mathématiques (Pythagore, Thalès, euclide…), science (Anaximandre…), ainsi que la démocratie, incarnée par la figure de Solon, rival de Pisistrate.

CONFUCIUS,

Né le 28 septembre 551 avant J.C. à Zou (Chine) et mort le 11 mai **479 avant J.C** à Qufu (Chine)

Philosophe chinois

Il avait pour nom personnel Kong Qiu. La famille Kong, était originaire de l'État de Song. Son arrière-grand-père était le ministre de la guerre de l'État de Song, Kong Fu Jia. Après que celui-ci fut assassiné, son fils Fang Shu, se réfugia dans l'État de Lu, où il mena une carrière militaire.

Son fils, Shu Lianghe allait suivre ses traces et aussi faire une brillante carrière militaire. La famille Kong était une famille de grands guerriers et Confucius, fils de Shu Lianghe, fut le premier de sa lignée à abandonner la voie des armes.

Selon le Shiji, Confucius faisait six pieds neuf pouces de haut. Ce qui équivaut aujourd'hui à deux mètres quinze.
La légende veut qu'il ait rencontré Lao Zi , père du taoïsme. Il serait allé le trouver, à Luoyi, pour s'enrichir de connaissances concernant les rites du deuil. Ils auraient eu un long échange et au moment où Confucius allait le quitter, Lao Dan lui aurait dit ; « Selon les traditions, les gens fortunés donnent des présents à leur hôte et les gens pauvres donnent des mots.

N'étant pas aisé, je puis néanmoins vous donner des mots ; Un homme intelligent, grand observateur, se trouvera toujours en danger de mort, car il se plaît à parler des autres. Par son vaste savoir et son solide jugement, il en vient à découvrir ce que les autres ont de plus méprisable. Être fils comme être un simple sujet dépossède du soi. »

Après, Confucius resta sidéré et renonça à parler pendant trois jours, tellement Lao Zi l'avait troublé. Yang Huo — tyran qui vivait en ce temps — était déterminé à rencontrer Confucius ; aussi décida-t-il de lui envoyer un cadeau au moment où Confucius n'était pas chez lui.

D'après la tradition, un lettré qui n'est pas chez lui et qui reçoit un cadeau d'un seigneur doit aller chez ledit seigneur à pied le remercier de ses bonnes grâces.

Or Confucius s'est résolu à ne pas le voir, estimant qu'il s'agissait d'un piège tendu par cet homme fourbe et cruel. Aussi décide-t-il d'aller le remercier au moment où il n'est pas chez lui, pour ne pas le voir. Cependant Yang Huo anticipe la manœuvre et prend les devants, tant et si bien que les deux se rencontrent sur le chemin. Quand il voit Yang Huo, il réalise qu'il est bel et bien piégé. Sa vivacité d'esprit le sort de cette mauvaise situation.

Yang Huo voulait en fait solliciter Confucius à exercer des charges dans son pseudo-gouvernement, dans le but de semer le trouble dans le gouvernement légitime du prince Ting. L'essentiel de la pensée de Confucius nous est parvenu à travers les *Analectes, ou Entretiens*, recueil de propos de Confucius et de ses disciples ainsi que de discussions entre eux, compilés par des disciples de deuxième génération. Bien qu'il n'ait jamais développé sa pensée de façon théorique, on peut dessiner à grands traits ce qu'étaient ses principales préoccupations et les solutions qu'il préconisait.

Partant du constat qu'il n'est pas possible de *vivre avec les oiseaux et les bêtes sauvages*, et qu'il faut donc vivre en bonne société avec ses semblables. Confucius tisse un réseau de valeurs dont le but est l'harmonie des relations humaines.

En son temps, la Chine était divisée en royaumes indépendants et belliqueux, les luttes pour l'hégémonie rendaient la situation instable et l'ancienne dynastie des Zhou avait perdu le rôle unificateur et pacificateur que lui conférait le mandat du Ciel.

Confucius voulait donc restaurer ce mandat du Ciel qui conférait le pouvoir et l'efficacité à l'empereur vertueux. Cependant, bien qu'il affirme ne rien inventer et se contenter de transmettre la sagesse ancienne, Confucius a interprété les anciennes institutions selon ses aspirations, il a semé les graines de ce que certains auteurs appellent l'« humanisme chinois ».

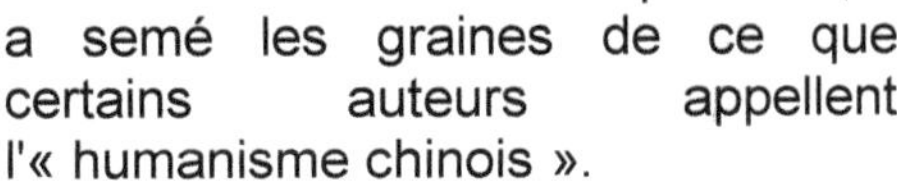

Mettant l'homme au centre de ses préoccupations et refusant de parler des esprits ou de la mort, Confucius n'a pas fondé de religion au sens occidental du terme, même si un culte lui a été dédié par la suite.

Cherchant à fonder une morale positive, structurée par les « rites » et vivifiée par la « sincérité ». Un apport très important, et révolutionnaire en quelque sorte, de Confucius, est à chercher dans la notion de « Junzi » (« gentilhomme ») qui, avant lui, dénotait une noblesse de sang et dont il a modifié le sens pour le transformer en noblesse du cœur, un peu comme le mot anglais *gentleman*.

Le concept central de la doctrine de Confucius est *Ren*, la bienveillance, dont la pratique a pour norme *Li*, la moralité. Son enseignement, bien que principalement orienté vers la formation de futurs hommes de pouvoir, était ouvert à tous, pas seulement aux fils de princes.
On peut faire remonter à cette impulsion de départ la longue tradition des examens impériaux, chargés de pourvoir l'État en hommes intègres et cultivés, que le plus humble paysan pouvait (en théorie) tenter. Bien

que cette institution « méritocratique » ait subi différents avatars et distorsions, elle a certainement joué un rôle prépondérant dans la pérennité de la culture chinoise et dans la relative stabilité de l'Empire Céleste pendant deux millénaires.

Selon Confucius, la soumission au père et au prince va de soi et garantit la cohésion des familles et du pays, mais elle s'accompagne d'un devoir de remontrances si le père ou le prince vont dans la mauvaise direction. De très nombreux lettrés chinois, se réclamant à juste titre de l'enseignement de leur Maître, ont péri ou été bannis, pour avoir osé critiquer l'empereur quand celui-ci, sous l'influence de courtisans ou de prêtres taoïstes, ne prenait plus soin de son peuple et laissait le pays sombrer dans la famine ou la guerre civile. La postérité de Confucius, en Chine et en Extrême-Orient, ne saurait être sur-évaluée.

Ses commentateurs et ses continuateurs proches comme Mencius et Xun Zi ont formé un corps de doctrine, appelé confucianisme, choisi comme philosophie d'État en Chine pendant la dynastie Han. Les Jésuites en Chine réalisent un transfert culturel de la pensée confucéenne aux élites européennes du XVIIe et XVIIIe siècles, favorisant la sinophilie, voire la sinomanie des intellectuels. Ils font de Confucius un saint, ce qui est un des éléments déclencheurs de la Querelle des rites. Jusqu'à la fin de l'Empire, en 1911, le système des examens, basé sur le corpus confucéen, est resté en vigueur. Certains analystes, chinois ou occidentaux, pensent que l'influence du confucianisme est toujours prépondérante à l'époque actuelle. La Corée du Sud et Singapour se réclament toujours de cette doctrine politique.

Le Japon se revendique également de cette doctrine pour les bases de sa société, depuis la transformation de la société par Hayashi Razan, sous l'ère Edo, et aujourd'hui encore, on considère que les racines de la société nippone sont shinto-confucianistes. Une seconde mondialisation après celle des jésuites est véhiculée après la Seconde Guerre mondiale par le sinologue James Legge ou le philosophe pragmatiste Herbert Fingarette.

Cette continuité apparente du confucianisme en Chine ne doit cependant pas cacher les constants renouvellements, suivis de retours aux sources ou d'éclipses temporaires, qui ont animé l'histoire de la pensée chinoise.

Ainsi le renouveau du confucianisme, instauré par Zhu Xi pendant la dynastie Song, après une relative mise en retrait durant la dynastie des Tang, a intégré les apports anciens de la pensée taoïste et les apports plus récents du bouddhisme en une orthodoxie restée relativement incontestée depuis lors.

530 avant J.C
Premières machines de levage. Traité de Chersiphron et de Métagène (Éphèse). Emploi de la pierre pour l'entablement du temple d'Apollon à Corinthe

525 avant J.C. l'Egypte est annexée par les perses achéménides.
L'**Empire achéménide** est le premier des Empires perses à régner sur une grande partie du Moyen-Orient. Il s'étend alors au nord et à l'ouest en Asie Mineure, en Thrace et sur la plupart des régions côtières du Pont Euxin ; à l'est jusqu'enAfghanistan et sur une partie du Pakistan actuels, et au sud et au sud-ouest sur l'actuel Irak, sur laSyrie, l'Égypte, le nord de l'Arabie saoudite, laJordanie, Israël et la Palestine, le Liban et jusqu'au nord de la Libye.

513 avant J.C. Code impérial de l'État des T'sin gravé sur une marmite de fer tripode

508 avant J.C. Début de la démocratie à Athènes.
Clisthène chasse les tyrans et veut donner de la cohésion à la cité.
Il fait aussi un redécoupage administratif de l'Attique en Dèmes qui correspondent, en superficie, à l'étendue d'une paroisse.

Né en 500 avant J.C. l'ingénieur
EUPALINOS de MEGARE,

Qui a foré à Samos six siècles avant notre ère un aqueduc souterrain de 1036 mètres par deux équipes travaillant en simultané, en suivant une progression méthodique par le calcul.

D'ailleurs, deux siècles avant lui, un tunnel de 450 mètres, avait été creusé selon les mêmes modalités à Ezéchias, près de Jérusalem.

Vers –500

La fécondation artificielle du dattier en Grèce

Apparition en Grèce de la meule à broyer conique en pierre

Apparition du pressoir à levier et à contrepoids

Traité de technique militaire de Zeng Gong Liang. Première enceinte fortifiée d'Athènes

EXTENSION des CIVILISATION

À partir de - 1300 :
La culture olmèque rayonne depuis Monte Albán et s'étend à l'essentiel de la **Mésoamérique**, lui fournissant sa matrice culturelle, lui apportant ses écritures. Vers - 500, le foyer olmèque se fragmente. Son centre de gravité se déplace vers le sud-est, dans un complexe réseau d'alliances, de commerce et de guerre tissé par les cités-États mayas (*altepelt*), dont la plus puissante semble être el Mirador.
À partir de - 1150 : Débuts de l'âge du fer.
La métallurgie du fer, nécessitant la maîtrise de fours à 1 500 °C et permettant de forger des armes et outils plus solides, se répand au Moyen-Orient, atteignant la chine vers - 1050 et l'Europe vers - 1000.
Vers - 1100 : succédant à la dynastie des Shang, celle des Zhou contrôle la Chine du nord.
Elle favorise l'essor du commerce. La prospérité pousse les cités à l'autonomie. Des royaumes se constituent, l'autorité des Zhou devient ymbolique, même si elle se prolonge officiellement jusqu'en - 256. à partir de ≈ - 450, la guerre fait rage entre les Royaumes combattants. Dans une Chine déchirée émerge la profession de stratège, un civil conseillant politiques et militaires dans la bonne conduite de la guerre. *L'Art de la guerre,* attribué à Sun Zi, s'impose comme un classique de la stratégie : y sont exaltées les vertus de la ruse, de l'espionnage et de la propagande, qui doivent préparer le recours à la force brute.

Entre - 900 et - 300 : au Japon, la culture Jômon prend fin avec l'introduction progressive de la riziculture depuis la Corée.

Vers - 900 : Parties de l'archipel Bismarck, les populations austronésiennes des lapita peuplent l'Océanie proche : Nouvelle-Calédonie, Vanuatu, Fidji, Samoa et Tonga.

De - 900 À - 200 : la civilisation de chavín rayonne sur l'Altiplano péruvien et au-delà vers les plateaux amazoniens. Elle utilise des bêtes de somme (lamas).
Des centres urbains sont apparus autour du lac titicaca, un microclimat où les eaux et les limons autorisent une agriculture intensive.

1er millénaire avant notre ère : différentes cultures du bronze prospèrent en Asie du Sud-est, par exemple à dong Son (Viêtnam).

D'environ - 800 à environ - 400 : l'Europe vit son âge du fer, marqué par une expansion celte (sites de Hallstatt puis de La Tène).
En Scandinavie émergent les cultures germaniques, en Italie des cultures italiques, comme celle des trusques.
En - 509, la cité de Rome renverse la monarchie et proclame la République.

D'environ - 740 à environ - 660 : le royaume koushite de napata (Soudan) conquiert l'Égypte. Des foyers indépendants de métallurgie du fer sont attestés dans le bassin du Niger et la région des Grands Lacs.

- 612 : Des cavaliers scythes participent, avec les Mèdes, les Néobabyloniens et les Perses, à la destruction de l'empire néoassyrien. Désormais, de l'Asie centrale à l'Ukraine, les cavaliers montent à cru et harcèlent de projectiles les armées adverses. Depuis ce foyer des steppes, l'usage de combattre à dos de cheval plutôt que sur des chars s'impose rapidement en eurasie.

Vers - 560 : le roi Crésus de lydie (Turquie) fait frapper les premières pièces de monnaie standardisées. Les pièces sont d'abord d'or, pour la thésaurisation.

Les cités grecques fondent bientôt des pièces métalliques de moindre valeur pour les transactions quotidiennes. Si des étalons de la valeur marchande existent depuis longtemps (blocs métalliques, animaux, etc.), les pièces multiplient les avantages : petites, faciles à reconnaître, à emporter, à dissimuler, et difficiles à contrefaire.

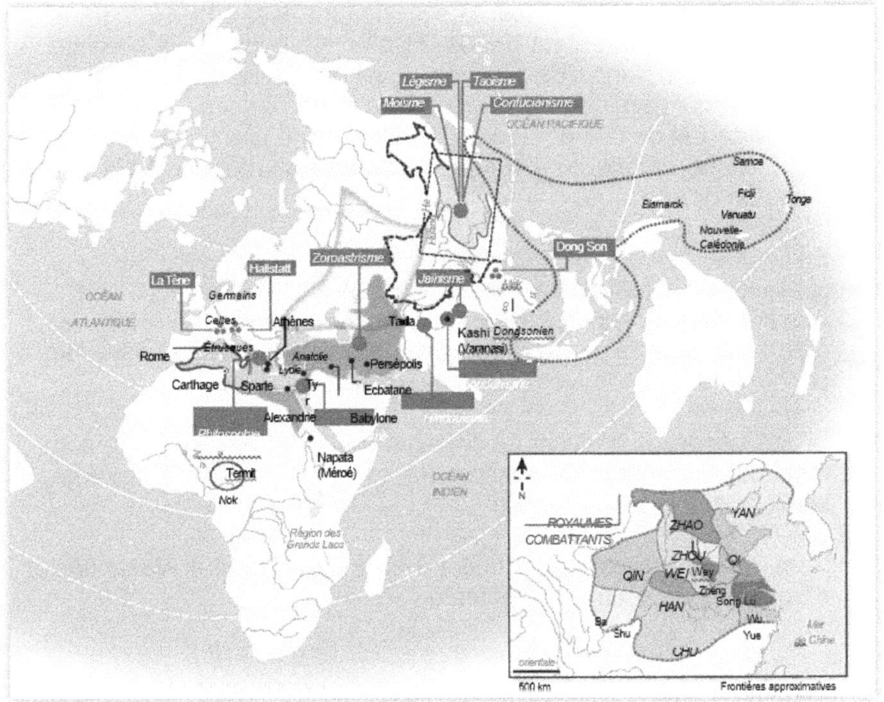

Les spécialisations artisanales et agricoles s'intensifient, les cités grecques voient émerger des marchés, la monétarisation des transactions quotidiennes commence.

A partir d'environ - 500 : la culture nok établit une civilisation agricole au Nigeria. Elle inaugurerait les premières pistes du commerce transsaharien, échangeant or, esclaves et ivoire contre sel, tissus, verre et chevaux.

De - 490 À - 479 : les Grecs battent les armées perses achéménides qui tentent de les envahir. Athènes, sous prétexte d'assurer la défense de la Grèce, prend la tête de la ligue de délos, ce qui revient à faire financer sa flotte par ses alliés. Cette mainmise fait de la « démocratie » athénienne une thalassocratie impérialiste, défaite en - 404 par une coalition menée par la cité rivale de Sparte.

En - 338, le roi de Macédoine Philippe II l'emporte sur une coalition de cités à Chéronée, conquérant la Grèce. Son fils Alexandre le Grand terrasse l'empire achéménide en - 330, et meurt de maladie à Babylone **en - 323** alors que son rêve de conquête du monde s'essouffle aux portes de l'Inde.

Si ses généraux héritiers se partagent aussitôt les restes de son empire, l'entreprise d'Alexandre lui survit en ce qu'elle renforce les liens entre Grèce et Asie.

Vers - 270, la Bible hébraïque est traduite en grec à Alexandrie d'Égypte sous le titre de Septante.

PHIDIAS

Né à Athènes vers 500 av JC et mort à Athènes vers 430 av JC.

On dispose de peu de détails sur la vie de Phidias. Né à Athènes peu après la bataille de Marathon, il est l'élève d'Agéladas et apprend la technique du bronze à l'école d'Argos, en même temps que Myron et Polyclète. Il semble avoir véritablement commencé son activité en -479 et l'avoir terminée en -432.

Sa première grande œuvre est une statue colossale d'Athéna Promachos pour l'Acropole, en -460. Il est ensuite choisi par Périclès pour exécuter des statues pour le Parthénon, et aussi pour superviser l'ensemble des travaux de sculpture. Il réalise lui-même la statue chryséléphantine d'Athéna Parthénos, dédiée en -438, et réalise des maquettes pour les deux frontons, les 92 métopes et la frise. Il surveille étroitement leur exécution par son atelier avant de partir, en -

437, à Élis et Olympie, où il réalise son Zeus chryséléphantin, l'une des Sept Merveilles du monde.

Quand il rentre à Athènes en -433, il est victime d'une manœuvre destinée à discréditer, à travers lui, son protecteur Périclès. Chargé de tous les projets de construction, Phidias est d'abord accusé du détournement de l'or destiné à la statue d'Athéna, puis il est disculpé par une pesée des éléments en or.

Ensuite, il est accusé d'impiété parce que, lors de la représentation de la bataille des Amazones sur le bouclier d'Athéna, il a sculpté le personnage d'un vieillard chauve lui ressemblant et a introduit un autre personnage ressemblant très fortement à Périclès se battant contre une Amazone. Jeté en prison, il est ensuite exilé à Olympie où il meurt.

SOPHOCLE

né à Colone en **-495 et mort en -406**,

Est l'un des trois grands dramaturges grecs dont l'œuvre nous est partiellement parvenue, avec Eschyle et Euripide. Il est principalement l'auteur de cent vingt-trois pièces (dont une centaine de tragédies), mais dont seules sept nous sont parvenues. Cité comme paradigme de la tragédie par Aristote, notamment pour l'usage qu'il fait du chœur et pour sa pièce *Œdipe roi*, il remporte également le nombre le plus élevé de victoires au concours tragique des grandes Dionysies (dix-neuf), et n'y figure jamais dernier.
Son théâtre rompt avec la trilogie « liée » et approfondit les aspects psychologiques des personnages.
Ses pièces mettent en scène des héros, souvent solitaires et même rejetés (*Ajax*, *Antigone*, *Œdipe*, *Électre*) et confrontés à des problèmes moraux desquels naît la situation tragique.

Comparé à Eschyle, Sophocle ne met pas ou peu en scène les dieux, qui n'interviennent que par des oracles dont le caractère obscur trompe souvent les hommes, sur le mode de l'ironie tragique.
Les détails de la vie de Sophocle sont connus, bien qu'assez mal, grâce à une compilation anonyme, à la Souda et aux mentions d'auteurs comme Plutarque de Chéronée ou Athénée.

Il est le fils d'un certain Sophilos et naît en 496 av. J.-C. selon la chronique de Paros, ou en 495 av. J.-C. selon son biographe anonyme, à Colone, village proche d'Athènes, où il situera sa dernière pièce *Œdipe à Colone*. Il reçoit une éducation très soignée, notamment en musique, où il profite des leçons du célèbre Lampros, et en gymnastique : à seize ans, il lui revient de conduire le chœur du triomphe de Salamine.

EMPEDOCLE d'Agrigente

Né vers 490 avant J.C. à Agrigente en sicile, il mourut vers **430 avant J.C.** dans l'Etna

Philosophe, ingénieur et médecingrec du Ve siècle av. J.-C.

Empédocle fut sans doute le plus étrange et le plus excentrique des Présocratiques : il est, selon Nietzsche, « la figure la plus bariolée de la philosophie ancienne». « Il s'habillait de vêtements de pourpre avec une ceinture d'or, des souliers de bronze et une couronne delphique. Il portait des cheveux longs, se faisait suivre par des esclaves, et gardait toujours la même gravité de visage. Quiconque le rencontrait croyait croiser un roi » (Favorinus d'Arles).
Il a écrit sa pensée sous la forme de deux poèmes, peut-être réunis en un :

1) *De la nature*,
2) *Purifications*.

Il nous en reste environ quatre cents vers. Il faut ajouter un papyrus fragmentaire du Ier siècle, découvert à Strasbourg, édité en 1999.

Empédocle fut à la fois ingénieur, philosophe, thaumat urge et poète. Il serait également le premier à avoir rassemblé des observations sur ce qui allait devenir la rhétorique. D'après la légende, Empédocle se jeta dans les fournaises de l'Etna en abandonnant sur le bord une de ses chaussures, preuve de sa mort.

Cette histoire est toutefois réfutée par Strabon. Il serait également le premier à avoir rassemblé des observations sur ce qui allait devenir la rhétorique[12]

• Vers –484 : Essor des mines du Laurion. Progrès du puits vertical

[12] La rhétorique est à la fois la science et l'art de l'action du discours sur les esprits

HERODOTE, *Surnommé le « Père de l'histoire » par Cicéron*

Né vers 484 av. J.C.
à Halicarnasse en Carie (actuellement Bodrumen Turquie)
mort vers **420 av. J-C** à Thourioi

Historien grec dont les voyages abondent en descriptions et explications pertinentes. Souvent considéré comme le premier historien, il a été l'auteur d'une grande œuvre. historique, les *Histoires* — également appelée l'*Enquête* —, centrée autour des guerres Médiques[13], sans se limiter à la relation de celles-ci : Hérodote expose les causes de la guerre et fait de nombreuses digressions, appelées *logoi*, sur l'histoire, les coutûmes et les pays des belligérants et de dizaines d'autres peuples tout autour de la Méditerranée, ce qui fait de lui un des précurseurs de l'histoire universelle. Peu de choses nous sont connues sur la vie d'Hérodote. Le principal de ce que l'on sait est tiré de ses propres œuvres. Des notices lui ont été consacrées par Denys d'Halicarnasse, Plutarque, Lucien ou la *Souda*. Fils de Lyxès.

Il est membre d'une famille importante bien que le nom de son père indique qu'il était probablement d'origine « barbare », plus précisément carienne ; la Carie étant au contact d'Halicarnasse. Il est sans doute le

[13] Les guerres médiques opposent les Grecs aux Perses de l'Empire achéménide au début du Ve siècle av. J.-C.

neveu de Panyasis, éminent poète épique, que l'on comparait alors à Homère, mais le lien de parenté, réel, n'est pas connu avec certitude.

Dans sa jeunesse, en 469 av. J.-C., il suit sa famille, adversaire du tyranLygdamis II (ou Lydamis ou Lygdamos, v. 470 – v. 450 av. J.-C.), en exil à Samos.

C'est vers cette époque qu'il faut placer les principaux voyages d'Hérodote dont il a rendu compte dans ses Histoires : un séjour en Égypte avec un déplacement à Cyrène et un retour par la Syrie et par Tyr, une visite sommaire de l'empire perse, Babylone, la Colchide et Olbia, la Macédoine. Aucun de ces voyages ne semble l'avoir mené en Méditerranée occidentale.

L'unique œuvre que nous connaissons d'Hérodote s'intitule Histoires ou Enquête. Hérodote a également participé à l'élaboration de la liste des Sept merveilles du monde grâce à ses nombreux voyages.

Vers –484 Essor des mines du Laurion. Progrès du puits vertical

Vers –479 Début de la construction du Pirée

Vers –470
Invention légendaire de la voûte par Démocrite d'Abdère.

Fin du siège de Naxos par Cimon et réintégration dans la ligue de Délos. Les Naxiens vaincus par Athènes perdent leur autonomie en contradiction avec le statut de la Ligue.

Prise et colonisation (clérouquie) de Byzance (470/411 av. J.-C.) par les Athéniens

SOCRATE
Né vers -470/469, mort en -399.

Il est connu comme l'un des créateurs de la philosophie morale. Socrate n'a laissé aucun écrit, mais sa pensée et sa réputation se sont transmises par des témoignages indirects.

Ses disciples Platon et Xénophon ont notablement œuvré à maintenir l'image de leur maître, qui est mis en scène dans leurs œuvres respectives. Les philosophes Démétrios de Phalère, et Maxime de Tyr dans sa Neuvième Dissertation ont écrit que Socrate est mort à l'âge de 70 ans. Déjà renommé de son vivant, Socrate est devenu l'un des penseurs les plus illustres de l'histoire de la philosophie. Sa condamnation à mort et sa présence très fréquente dans les dialogues de Platon ont contribué à faire de lui une icône philosophique majeure.

La figure de Socrate a été discutée, reprise, et réinterprétée jusqu'à l'époque contemporaine.

Socrate est ainsi célèbre au-delà de la sphère philosophique, et son personnage entouré de légendes. En dépit de cette influence culturelle, très peu de choses sont connues avec certitude sur le Socrate historique. Les témoignages le concernant sont souvent discordants, et la restitution de la vie ou la pensée originelle de Socrate est une approche sur laquelle les spécialistes ne s'accordent pas.

Entre −470 et –430 : Travaux d'urbanisme d'Hippodamos de Milet et de ses successeurs (Milet, le Pirée, Rhodes…)

Travaux du lac Copaïs par Cratès (en) de Chalcis. Reconstruction des murs d'Athènes (mur de Thémistocle)

HIPPOCRATE de Cos

Né vers 460 av. J.-C. *dans l'île de Cos et* ***mort vers 370 av. J.-C.*** *à Larissa*

Médecin grec du siècle de Périclès, mais aussi philosophe

Considéré traditionnellement comme le « père de la médecine » car il est le plus ancien médecin grec sur lequel les historiens disposent de sources, même si celles-ci sont en grande partie légendaires et apocryphes.

Il a fondé l'école de médecine hippocratique qui a révolutionné intellectuellement la médecine en Grèce antique, en instituant cet art comme une discipline distincte des autres disciplines de la connaissance auxquelles elle avait traditionnellement été rattachée (notamment la théurgie et la philosophie), faisant ainsi de la médecine une profession à part entière.

Les écoles de médecine de la Grèce ancienne (l'école de Cnide et celle de Cos) se sont opposées sur la façon de traiter les maladies. L'école de médecine de Cnide avait principalement axé sa pratique sur le diagnostic, mais elle était tributaire de nombreuses hypothèses erronées sur le fonctionnement du corps.

La médecine grecque à l'époque d'Hippocrate ignorait pratiquement tout de l'anatomie et de la physiologie humaine en raison du tabou grec qui interdisait la dissection du corps humain.

L'école de Cnide, par conséquent, ne parvenait pas à identifier une affection donnée comme étant une seule et unique maladie lorsqu'elle pouvait se manifester par différents types de symptômes. L'école hippocratique de Cos a obtenu de meilleurs résultats en se contentant de diagnostics généraux et de traitements symptomatiques ou palliatifs, selon les points de vue. L'accent était mis sur les soins aux patients et le pronostic de la maladie et non plus sur son diagnostic.

Elle parvint à traiter efficacement les maladies et cela a permis un grand développement de la pratique clinique.

DEMOCRITE d'Abdère

Né vers 460 avant J.C. à Abdere et mort en 370 avant J.C.

Philosophe matérialiste

"La conscience a été donnée à l'homme pour transformer la tragédie de la vie en une comédie."

Philosophe grec, né à Abdère en Thrace, Démocrite a beaucoup voyagé pour s'instruire et a passé cinq ans avec des géomètres égyptiens.
Il a également vécu à Athènes où il ne semble pas avoir connu Socrate. Vers 420 avant JC, il fonde son école dans sa ville natale.

Démocrite riant, huile sur toile d'Hendrick ter Brugghen

En prolongeant les idées de Leucippe dont il a été l'élève, Démocrite développe une théorie matérialistemécaniste, l'atomisme, qui considère la matière comme constituée d'atomes indivisibles et éternels.
Le vide existe, c'est ce qui permet le mouvement des atomes. Les figures que forme la matière se distinguent par leur taille, leur poids et leur vitesse.

Les corps complexes sont formés de corps plus simples qui se désagrège après la mort. L'âme est, quant à elle, composée d'atomes particuliers, subtils, légers et chauds. La perception de la matière est provoquée par l'émission de substances très fines qui interagissent avec les sens de l'homme.

Cette première vision cohérente du monde a inspiré Epicure et Lucrèce. La conséquence de cette théorie est le principe de causalité et un déterminisme total, permettant de concevoir le monde réel (matériel) sans création, ni référence à Dieu ou au surnaturel. Les dieux ne sont que la représentation de l'idée que les hommes s'en font, des rêves en quelque sorte.
Le matérialisme théorique de Démocrite n'empêche pas une forme d'idéalisme morale. En matière de morale, le déterminisme conduit à rechercher le calme de l'âme, vidée de toute crainte et de toute superstition. Il est en cela un précurseur d'Epicure. Démocrite s'est préoccupé des affaires de la cité et était considéré comme un sage, réputé pour sa bonne humeur. Selon la légende, il se serait rendu aveugle pour ne pas succomber à la tentation, à celle des femmes plus particulièrement. Démocrite aurait rédigé cinquante-deux ouvrages, mais ceux-ci se sont perdus ou ont été détruits, notamment au IIIe siècle après JC.

Ses pensées ainsi que quelques fragments de son œuvre nous ont été transmis par Aristote et Simplicius. D'autres auteurs comme Cicéron, Plutarque, Tertullien, ont également rapporté des éléments de sa vie et de ses pensées.

−450 : Traité de Poliorcétique d'Énée le Tacticien. Développement du machinisme attribué à Archytas de Tarente : la vis, la poulie, etc. Le premier automate (la colombe volante)

PHILOLAOS de Crotone

Né vers 450,470 avant J.C. à Crotone et mourut vers **390 av. J.-C.** à Tarente.

Philosophe, astronome et mathématicien grec du Ve siècle av. J.-C

Il affirmerait, le premier, bien avant Copernic, la mobilité de la Terre.
Philolaos dit : « C'est le Feu qui occupe le milieu. », or ce Feu central n'est pas le Soleil, il reste invisible, on ne perçoit sa lumière que reflétée par le Soleil, c'est une force physique située au milieu du monde. Donc le pythagorisme n'a pas découvert l'héliocentrisme.

Philolaos fut le premier penseur à considérer que la Terre n'était pas immobile, au centre de l'Univers. Pour lui, elle tournait autour d'un « Feu central », demeure de Zeus et mère des dieux, différent du Soleil et placé au centre de l'Univers.

Il appela ce centre « *Estia* », d'après la déesse grecque du feu et du foyer Hestia.

Ce concept fut l'un des premiers à expliquer avec une certaine logique le mouvement apparent de la sphère des étoiles autour de la Terre. Le Soleil, la Lune et les cinq planètes visibles tournaient également autour de ce Feu central.
La Terre tournait également sur elle-même de façon que le Feu central, toujours situé du côté des antipodes, soit toujours invisible pour les observateurs. Une autre planète, l'Anti-Terre, tournait aussi autour de ce centre, mais comme elle en était plus rapprochée, elle demeurait également invisible au monde méditerranéen.
L'Anti-Terre n'avait en fait pour seule raison d'être que de porter le nombre d'astres à dix, un nombre important pour les Pythagoriciens.

Philolaos plongea profondément dans la théorie des nombres de Pythagore, s'intéressant particulièrement aux propriétés inhérentes au nombre dix, la somme des quatre premiers nombres et le quatrième nombre triangulaire, la*tetractys*, qu'il qualifiait de grande, toute-puissante et qui produit tout. On prenait le grand serment pythagoricien sur la *tetractys* sacrée.

La découverte des polyèdres réguliers est attribuée à Pythagore et on dit qu'Empédocle fut le premier à prétendre qu'il existait quatre éléments. Philolaos, reliant ces idées, soutenait que la nature élémentaire des corps dépendait de leur forme. Il associa le tétraèdre au feu, l'octaèdre à l'air, l'icosaèdre à l'eau et le cube à la terre. Le dodécaèdre régulier fut attribué à un cinquième élément, l'éther, ou selon d'autres, l'univers. Cette théorie, quoique superficielle, démontrait une connaissance considérable de la géométrie et encouragea fortement l'étude des sciences.

-450 Traité de Poliorcétique d'Énée le Tacticien.
Développement du machinisme attribué à Archytas de Tarente : la vis, la poulie, etc. Le premier automate (la colombe volante)
Moulin à huile en Grèce à meule roulant dans une rigole circulaire de pierre

-447-432 Le Parthénon

HIPPIAS d'ELIS

Né vers 443 avant J.C. et mort entre 396 et 390 avant J.C.

Homme public et sophiste de la Grèce

Il est connu comme interlocuteur principal de Socrate dans deux des dialogues de Platon, qu'on désigne de ce fait par son nom : *Hippias majeur* et *Hippias mineur*. Il est également cité dans le *Protagoras* de Platon. Ses services de sophiste étaient très populaires dans la *polis* d'Athènes, mais très contestés dans celle de Lacédémone (Sparte), car seuls les maîtres lacédémoniens pouvaient enseigner. L'éloge que Socrate prononce de lui dans l'*Hippias mineur* nous apprend que le savoir doit, pour lui, se traduire par des compétences pratiques : il s'est présenté un jour à Olympie en prétendant avoir fabriqué de ses mains tous ce qu'il portait sur lui : orfèvrerie, vêtements, chaussures, etc.

Le même passage fait allusion à une méthode mnémotechnique de son invention. Hippias est aussi un géomètre ; et peut-être un astronome, comme le laisse entendre Platon dans l'*Hippias majeur*, lorsqu'il prête à Socrate l'apostrophe suivante : « c'est ce que tu connais le mieux, les astres et les phénomènes célestes ».

Proclos de Lycie lui attribue l'invention d'une courbe mécanique, la quadratrice, pour résoudre la trisection de l'angle. Il a écrit un recueil de citations des philosophes présocratiques, notamment cité par Clément d'Alexandrie. Diogène Laërce en fait l'un des transmetteurs de la pensée de Thalès de Milet.

-437-432 : Les PROPYLEES

Un **propylée** est à l'origine un vestibule conduisant à un sanctuaire. Aujourd'hui, on l'emploie au pluriel, il désigne un accès monumental. C'est la porte d'entrée d'un sanctuaire, la séparation entre un lieu profane (la cité) et un monde divin (le sanctuaire).

Le plus célèbre exemple de propylée est celui de l'acropole d'Athènes, réalisé par Mnésiclès de 438 à 432 av. J.-C., dans le cadre des grands travaux de Périclès après les guerres médiques[1]. Il est composé d'un vestibule central et de deux ailes de chaque côté. À l'est et à l'ouest, il est flanqué de deux portiques avec six colonnes doriques. L'aile nord se nomme la pinacothèque et était une salle de banquet et d'exposition d'œuvres d'art.

-430-410 : L'Érechthéion

L'Érechthéion est un ancien temple grec d'ordre ionique situé sur l'acropole d'Athènes, au nord du Parthénon. C'est le dernier monument érigé sur l'Acropole avant la fin du Ve siècle av. J.-C. et il est renommé pour son architecture à la fois élégante et inhabituelle.

Il remplace le temple archaïque d'Athéna Polias qui se trouvait entre le Parthénon et l'emplacement actuel et qui fut détruit par les Perses en 480 av. J.-C. lors des guerres médiques.

Il est situé à l'emplacement de l'Acropole primitive et regroupait certaines des reliques les plus anciennes et les plus sacrées des Athéniens ; c'est à cet endroit qu'eut lieu la dispute entre Athéna et Poséidon.

ARCHYTAS de Tarente,

Vers 435 avant J.C Né à Tarente et mort en **347 avant J.C** au large de l'Apulie.

Est un philosophe Pytagoricien, mathématicien, astronome, homme politique, stratège et général grec.

Habile politicien, savant universel (physicien, astronome, musicologue et mathématicien), il fut un *pythagoricien* influent en sa ville de Tarente qu'il dirigea. Archytas connut Platon lors des voyages de ce dernier en Italie peu après la fin tragique de Socrate. On lui attribue, 150 ans environ avant le grand Archimède, *les premiers travaux de mécanique* (au sens théorique, mathématique et physique : étude du mouvement d'un point matériel ou d'un solide soumis à certaines forces) et en particulier l'invention de la vis, de la poulie et même d'un pigeon volant mécanique (en bois ...). En mathématiques, Archytas s'intéressa en particulier à la duplication du cube en fournissant une solution subtile au moyen de l'intersection de trois surfaces : un cylindre, un tore et un cône de révolution... Ses travaux en harmonie (musicale) le conduisirent à établir d'importantes propriétés dans le calcul des proportions (progressions géométriques, insertion de moyenne proportionnelle). Ces résultats seront repris dans le livre VIII des éléments d'Euclide. Une théorie complète des proportions sera due à Eudoxe et permettra d'approcher finement les nombres irrationnels et par là de donner des solutions approchés aux problèmes ne relevant pas de l'arithmétique élémentaire et des constructions géométriques au sens d'Euclide que se posèrent les grands mathématiciens grecs.

PLATON

428/427 av. J.-C., Né à Athènes et mort en **348/347 av. J.-C.** dans cette même cité

Philosophe antique de la Grèce classique, contemporain de la démocratie athénienne et des sophistes,

Portrait de Platon d'après un original sculpté par Silanion vers 370 avant J. C

Inventeur de la logique. Il Décrit les cinq solides réguliers. Sa vision des quatre éléments, Double l'aire du carré dans son célèbre dialogue sur la vertu.

Passe 8 ans avec Socrate (disciple de Socrate), puis voyagea beaucoup. Il Fonde l'Académie à Athènes: « **personne, ignorant la géométrie, ne doit entrer ici** », Compose au moins 28 dialogues: devoir, mensonge, nature de l'homme...Mythe de la caverne: du monde sensible vers le monde intelligible de la vérité. Pas mathématicien lui-même, mais plutôt « faiseur de mathématiciens ».

Platon considère que le corps de l'homme se divise en trois parties : la tête, le tronc et le bas du corps.

A chacune de ces parties correspond une qualité de l'âme.

1 La tête est le siège de la raison, le tronc celui de la volonté et le bas du corps celui des envies et du désir. A chacune de ces qualités correspond une vertu.

2 La raison doit se donner pour but la sagesse, la volonté doit faire preuve de courage et il faut brider le désir pour que l'homme fasse preuve de mesure.
Il conçoit aussi l'État à l'image de l'être humain.
Dans Gorgias, Platon évoque la nécessité d'un équilibre harmonieux entre le ciel, la terre, les dieux et les hommes, qui forment ensemble une communauté.

Selon lui, cette communauté, appelée "Kosmos" par les sages antiques, doit pour fonctionner, être liée par l'amitié, l'amour, le respect de la tempérance, le sens de la justice, et non par le désordre ou le dérèglement. Mais que deux termes forment seuls une belle composition, cela n'est pas possible sans un troisième car il faut qu'entre eux il y ait un lien qui les rapproche tous les deux.

Platon a laissé un grand nombre d'écrits ; ils sont presque tous rédigés sous la forme de dialogue et Socrate y joue le principal rôle. La composition de ses dialogues authentiques correspond à trois époques de sa vie. Dans la première, où il est encore sous l'influence directe de Socrate, il ecrit « l'apologie de Socrate », le « Ménon », « l'Eutyphron », 'le Criton », « le Protagoras » et le « Gorgias ».

Dans la seconde, il établit et expose sa doctrine avec le « Théétète », le « Sophiste », le « Philebe », le « Parménide », le « Cratyle » et le « Politique ».
Dans la troisième période, il est en pleine possession de ses idées et il unit à la rigueur dialectique la grâce et l'éclat de la poésie.

Il compose le « Banquet », le « Phédon », le « Timée », la « République » et les « lois ».

Vers –425 : **Artémon de Clazomène**
Fut un ingénieur militaire grec originaire de Clazomènes, surnommé « le Phériphorète », actif entre 469 et 429 av. J.-C. à Samos.
Inventeur qui créa l'usage du Bélier et de la Tortue.

Vers –424 –387
Si Men po fait creuser douze canaux de le long de la rivière Chang (affluent du Fleuve Jaune)

-409 Hannibal
Prend Sélinonte avec un important parc de machines de guerre. La catapulte

-407 L'armée de Darius
franchit le Bosphore sur le pont construit par Mandroklès de Samos

EUDOXE de Cnide
406 à 355 avant J.C.

Astronome et philosophe

Disciple de Platon. Archytas lui aurait enseigné la géométrie. Il fonda une école de renom à Cnide où il eut Ménechme pour élève. Ses travaux Eudoxe énonce sa théorie des sphères *homocentriques*, héritée de Parménide (philosophe, école d'Élée, vers - 500) qui sera confortée par Aristote et Ptolémée.

Le système solaire est composé de planètes sphériques décrivant des trajectoires circulaires autour de la Terre immobile, centre du monde : *géocentrisme*.

Afin que ces trajectoires s'accordent avec les observations (mouvement apparent), Eudoxe imagina pour la Lune, le Soleil et chaque planète alors connue (Mercure, Vénus, Mars, Jupiter et Saturne), un système complexe de sphères homocentriques (quatre par planète), d'axes passant par le centre de la Terre, dont l'interaction des mouvements engendrait la trajectoire. L'idée d'un modèle *héliocentrique* (le Soleil est au centre) fut envisagée auparavant par Pythagore.

Ce système, déjà d'une effroyable complexité, se compliqua encore avec Aristote qui, pour les besoins de la cause *géocentrique* et afin de mieux coller aux observations, ajouta des sphères compensatrices : le système solaire compta alors 55 sphères homocentriques. Eudoxe fut le premier à donner une durée précise de l'année en l'évaluant à 365 jours 1/4, durée confirmée de nos jours quoique affinée par Clavius à la demande du pape Grégoire XIII. Cependant, sa conception du système solaire le trompa sur la distance de la Terre au Soleil et sur la dimension de cet astre qu'il évalua à neuf diamètres lunaires. Eudoxe est aussi l'initiateur de la méthode d'exhaustion qui lui permettra, par des *quadratures* proches de celles de Riemann, le calcul d'aires et de volumes complexes. Euclide et Archimède affineront la méthode.

DENYS Ier tyran de Syracuse développe le machinisme de guerre.
Entre –405 et –367

Apparition de l'artillerie névrobalistique

D'humble naissance, il se mêla de très bonne heure à la vie publique. Il prit part à un coup de main aristocratique, fut blessé dans la bagarre et laissé pour mort (408). Il sut ensuite gagner le peuple en attaquant les magistrats et les citoyens influents. Elu stratège, il calomnia ses collègues et rivaux, s'assura des partisans par le rappel des exilés.

Envoyé à Gela pour y seconder un mouvement démocratique, il partagea entre ses soldats les biens des riches qu'il condamna à mort. Revenu à Syracuse, il se fit donner une garde de mille hommes et s'établit dans l'île d'Ortygie, d'où il dominait le port et les arsenaux (405). Pour s'affermir, il eut recours aux proscriptions, confiscations et supplices.
Assiégé par ses soldats révoltés, il fut délivré par des mercenaires (404). Il reprit la lutte contre les Carthaginois fortifia Syracuse du côté de la terre, fit construire une grande flotte de guerre et de nombreuses machines, réunit quatre-vingt mille hommes.

D'abord vainqueur, il fut en 396 battu par Himilcon, chef militaire carthaginois entre 406 et 396, qui, avec cent mille hommes, vint assiéger Syracuse. Denys résista vaillamment, et Carthage se décida à traiter. Par la suite, il s'efforça d'étendre son autorité sur toute la Grande-Grèce. Il fonda des comptoirs sur l'Adriatique, donna la chasse aux pirates étrusques, fit alliance avec **Sparte** et avec les Gaulois vainqueurs de Rome.

Puis, il se tourna de nouveau contre les Carthaginois, qu'il somma d'évacuer toute la Sicile (383) ; mais il fut surpris par eux et vaincu sur terre et sur mer. Il mourut laissant la réputation d'un tyran soupçonneux et impie mais habile en politique : il avait assuré à Syracuse une situation prépondérante et il était même intervenu dans les affaires de la Grèce propre.

Il avait tenu une cour brillante où il affichait des prétentions littéraires. Damoclès était l'un des nombreux courtisans qui fréquentaient la cour du tyran.

Pour lui faire comprendre la fragilité de son pouvoir, Denys lui céda sa place pendant un jour. Au milieu du banquet qu'il présidait, Damoclès aperçut, suspendue au-dessus de sa tête, une épée retenue seulement un simple crin de cheval. On cite encore cette scène quand on veut désigner un danger permanent qui guette.

Vers 400 avant J.C. est inventé au IVè siècle avant J.C.
Le CERF-VOLANT

Il ne sert pas uniquement à faire plaisir aux petits enfants (ou aux grands). Non, il est plutôt mis au point à des fins militaires pour envoyer des messages secrets par dessus les lignes ennemies. Marco Polo nous raconte même dans ses écrits que certains cerfvolants sont capables de transporter un homme !

Une technologie bien pratique pour prendre le dessus sur ses ennemis....
Au même moment, Les Chinois réalisent qu'une pierre aimantée, la magnétite, s'oriente toujours du même côté. Il faudra encore plusieurs siècles pour qu'ils pensent à s'en servir comme outil d'aide à la navigation. Mais saluons tout de même la performance ! Un outil qui aurait été bien pratique à un certain Ulysse en tout cas...

390 avant J.C. Pillage de Rome par Brennus.
Vainqueurs de l'armée romaine sur la rivière Allia, les Gaulois de Brennus entrent peu de temps après dans Rome où ils se livrent à de nombreux pillages et massacres. Seuls quelques Romains réfugiés dans le Capitole parviennent à résister à l'invasion gauloise. Le siège du Capitole commence alors.
Une nuit, les oies du Capitole réveillent les Romains par leurs cris et les alertent ainsi d'une attaque surprise des Gaulois.

Les Romains, pourtant au bord de la famine, jettent du pain aux assiégeants pour les démoraliser. Devant cette résistance, Brennus, accepte de traiter avec le tribun militaire Romain Quintus Sulpicius : il quittera Rome contre le versement d'une forte rançon, 1 000 livres d'or (soit 327,45 kgs).
Une grande balance est alors préparée sur une place de Rome ; afin d'alourdir encore la rançon, les Gaulois y placent de faux poids. Devant les protestations des Romains, Brennus ajoute encore à leur déshonneur en jetant son épée sur la balance et en prononçant ces mots "vae victis" (malheur aux vaincus).

Introduction du feutre en Chine

ARISTOTE de Stagire

Né en 384 av. J.-C. à Stagire et mort en **322 av. J.-C.** à Chalcic.

Précepteur d'Alexandre le Grand, peut sans doute être considéré comme le plus grand savant de l'Antiquité.

Surnommé le **Stagirite**, son oeuvre colossale, composée de plusieurs dizaines de volumes, abordera aussi bien l'astronomie, la physique que la botanique ou la médecine. Aristote va en particulier développer un modèle physique, fondé sur l'observation et la perception intuitive des phénomènes, dont l'influence sera déterminante pour les siècles à venir. Sa conception de l'Univers est basée sur 3 dogmes fondamentaux :

1) la Terre est immobile au centre de l'Univers,
2) il y a séparation absolue ente le monde terrestre imparfait et changeant et le monde céleste parfait et éternel (la limite étant l'orbite de la Lune),
3) les seuls mouvements célestes possibles sont les mouvements circulaires uniformes. La Terre immobile est faite des quatre éléments eau, air, terre et feu.

Aristote pense même avoir " démontré " l'immobilité de la Terre avec un argument basé sur le fait que si la Terre était en mouvement nous devrions en ressentir directement les effets.

Le ciel parfait est fait d'un cinquième élément (la " quintessence ") : l'ether. Pour ce qui est de la mécanique céleste, Aristote reprendra le système de sphères emboîtées d'Eudoxe, mais en lui donnant une cohérence " physique ", c'est à dire en considérant un seul et gigantesque emboîtement de 55 sphères centrées sur la Terre au lieu de 7 systèmes indépendants, ce qui était physiquement absurde.

La sphère extérieure est bien entendu toujours celle des fixes. Ce système présentait cependant un défaut majeur, qui sera mis en évidence au siècle suivant.

S'il rendait en effet compte à peu près correctement des mouvements des planètes, il ne pouvait expliquer leurs variations d'éclat au cours de l'année, car dans ce modèle les planètes étaient supposées à une distance constante de la Terre.

Platon (à gauche) pointe le doigt vers le ciel, symbole de sa croyance dans les idées. Aristote (à droite) pointe la paume de sa main vers le sol, symbole de sa croyance dans l'observation empirique.

Certes, Aristote aurait pu invoquer une variation intrinsèque de l'éclat des planètes, mais cela était incompatible avec son dogme sur la perfection et l'immuabilité des cieux.
Aristote distinguait le repos en tant qu'état, et le mouvement en tant que processus qui amène l'objet à réaliser ses possibilités.

Tout processus ayant une cause, Aristote en déduisait que le mouvement nécessitait toujours l'intervention d'un moteur.

Dans le premier chapitre du septième livre de sa *Physique*, le philosophe énonce le fondement même de sa « dynamique » : tout ce qui se meut doit être mû par quelque chose. Aristote définit alors le moteur des mouvements qu'il qualifie de « naturels ».

MENECHME de Proconnèse

Disciple de Platon et de Eudoxe, précepteur avec Aristote, d'Alexandre le Grand

Né en 375 avant J.C. et mort en **325 avant J.C**

Ménechme est l'auteur d'importants travaux sur les *coniques* (*courbes de Ménechme*) qu'il définit comme intersection d'un plan et d'un cône (sections coniques) en relation avec le fameux problème de la *duplication du cube* :
Ce célèbre problème fut posé par les sophistes grecs au 6e siècle av. J-C.

Il est aussi appelé problème de Délos, car il s'agissait d'y construire un autel à la gloire de d'Apollon, de base cubique, deux fois plus grand en volume que celui déjà présent dans la ville et ce, afin d'éradiquer, selon l'oracle, l'épidémie de peste qui sévissait à l'époque sur la ville.

Ménechme distingua les trois sortes de coniques en tant qu'intersection d'un cône d'ouverture ô et d'un plan *perpendiculaire* à une génératrice.

Trois cas se présentent :

Ellipse si ô est aigu
Parabole s'il ô est droit
Hyperbole si ô est obtus

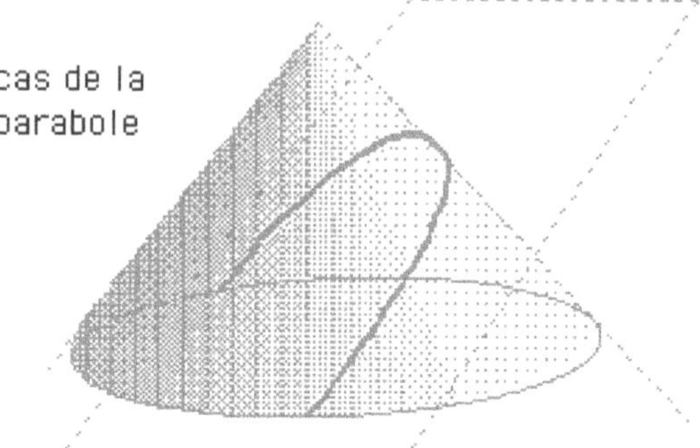

En fait, les coniques en tant que telles n'intéressent pas le subtil géomètre. De façon approchée, il résout par ce stratagème le problème de Délos en intersectant une parabole et une hyperbole, ces appellations seront dues ultérieurement à Apollonius de Perge.

- 346-328 - Philon d'Athènes construit l'arsenal du Pirée et écrit un traité sur les proportions des temples et un traité de poliorcétique

-340 - Polyeidos de Thessalie, ingénieur de Philippe de Macédoine perfectionne les machines de guerre

Entre – 336 et –330
Campagne d'Alexandrie aidé par les deux ingénieurs Diadès et Charias

336 / 323 avant J.C. Règne d'Alexandre le Grand.

Après les conquêtes d'Alexandre le Grand, la ville d'Alexandrie deviendra le centre intellectuel de l'antiquité méditerranéenne.

Mais avant cette époque, des scientifiques grecs comme Thalès, Pythagore ainsi qu'Euclide y vinrent apprendre le savoir égyptien. Les Anciens Égyptiens ne développent les sciences que dans une perspective pratique (construction architecturale, administration...), mais ne s'engagent pas dans un examen *scientifique* du monde.

De surcroît, ce n'est qu'avec les Grecs qu'apparaîtront les démonstrations. Cette différence d'approche entre les Grecs et les Égyptiens est manifeste dans l'histoire de l'astronomie. La science alexandrine, sommet de l'astronomie antique, est essentiellement fille de la science grecque au niveau des modèles, mais elle utilise des éléments égyptiens, par exemple pour le calcul du temps et des dates dans les tables astronomiques.

Outre la cartographie du ciel, les anciens égyptiens maîtrisent la description précise du mouvement du Soleil et le calcul exact des éphémérides.

Le zodiaque, dont nous avons hérité, n'est autre que le calendrier des saisons égyptiennes, mais il faut distinguer le calendrier civil du calendrier nilotique[14]. Certains auteurs, sans remettre en question l'idée d'une rupture nette entre science égyptienne et science grecque, soulignent qu'on ne peut dénier aux sciences égyptiennes toute conceptualisation sans en avoir fait la démonstration par l'examen détaillé des textes. Ces thèses sont encore assez peu reconnues par la communauté des historiens des sciences.

L'ingénierie égyptienne atteint une impressionnante efficacité : les anciens Égyptiens ne mettent que trente ans à construire chacune des grandes pyramides. Le nombre d'ouvriers, le volume de blocs de pierre à sculpter, le transport de ces blocs depuis les carrières, l'infrastructure nécessaire à la réalisation (rampes), la quantité de nourriture à apporter aux ouvriers, tout est calculé.

La précision de la technique de taille des pierres, aussi, est réellement impressionnante et on ne comprend toujours pas comment les 20 000 ouvriers, dont on a retrouvé les traces grâce aux fouilles de la pyramide de Khéphren, sont parvenus à transporter des blocs de plusieurs tonnes et à les disposer de manière à ce que même une lame de rasoir ne puisse se glisser entre deux blocs.

[14] Calendrier Egyptien basé sur le cycle solaire et était le reflet des 3 saisons définies par les crues du nil.

Empire d'Alexandre le grand, 323 avant J.C.

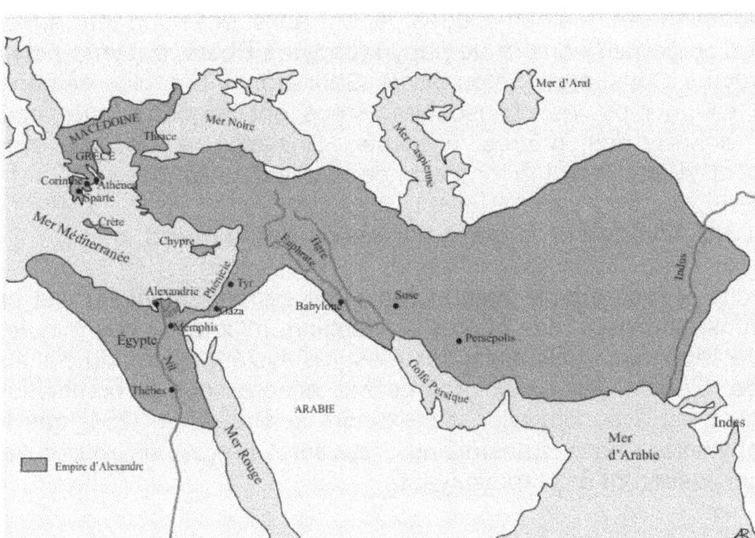

Les temples, les obélisques et les tombeaux sont tout aussi impressionnants. Les scribes calculaient vite et bien, les ouvriers travaillaient vite et bien. Contrairement à une croyance tenace, l'esclavage n'existait pas en Égypte : ces ouvriers, détenteurs d'une haute technicité, sont particulièrement choyés par les pharaons.

Du fait de la pratique de l'embaumement, les médecins égyptiens ont acquis une connaissance approfondie de l'intérieur du corps humain. Ils ont ainsi identifié et décrit un grand nombre de maladies. Ils sont compétents en médecine cardiologique, gynécologique (dont la contraception), ophtalmologique, en gastro-entérologie et en examens urinaires. Ils pratiquent avec succès des opérations même chirurgicales. Ils sont assez réputés à l'époque antique pour que l'on fasse appel à eux, au-delà des frontières de l'Égypte Antique.

Dans le domaine des mathématiques, ils ont aussi enseigné leur savoir au moyen d'un certain nombre de papyri (papyrus Ebers, *papyrus Edwin Smith*, papyrus Carlsberg). Selon Serge Sauneron, « Les plus célèbres parmi les savants ou les philosophes Grecs ont franchi la mer pour chercher, auprès des prêtres d'Égypte, l'initiation à de nouvelles sciences » et ce bien avant la fondation de la ville d'Alexandrie.

331 avant J.C. Invasion de la grèce par **Alexandre le grand**

Nous devons à l'astronomie mésopotamienne l'arrangement du ciel en constellations, la division des heures en soixante minutes et des minutes en soixante secondes, mais aussi des mesures systématiques du ciel sur des siècles. L'étude des cieux progressera encore sous la domination perse, mais c'est avec l'invasion d'Alexandre le Grand, en -331, que le savoir babylonien sera transmis aux savants grecs, en particulier Aristote, qui passeront à l'étape suivante.

En effet, les babyloniens ne mesuraient le mouvement des astres que pour établir des tables de position et faire des prédictions astrologiques. Ils étaient d'excellent observateurs et mathématiciens, mais ne s'interrogèrent pas sur la nature des planètes et n'essayèrent pas de comprendre pourquoi celles-ci suivaient des trajectoires particulières dans le ciel. Il faudra attendre le miracle grec pour que l'on commence à s'interroger sur la nature de ces étoiles vagabondes et qu'apparaissent les premiers modèles géométriques du monde. Du fait de la révolution annuelle de la Terre autour du Soleil, la position apparente de notre étoile par rapport à la voûte céleste se déplace lentement vers l'est au cours de l'année. Par conséquent, chaque matin, de nouvelles étoiles qui étaient auparavant perdues dans les lueurs de l'aube deviennent visibles à l'horizon juste avant le lever du Soleil. On appelle cette première apparition dans l'année le lever héliaque (du mot grec pour le Soleil : helios). A l'époque de l'Egypte ancienne, La crue du Nil se produisait tous les ans autour du 19 juillet.

Pure coïncidence, c'est aussi à cette époque que l'étoile la plus brillante du ciel, Sirius, appelée Sothis en grec et Sopdet en égyptien, En basant leur mesure du temps sur le mouvement apparent du Soleil, plutôt que sur les cycles de la Lune, les Egyptiens inventèrent le calendrier solaire. Comme le lever héliaque de Sirius se produisait approximativement tous les 365 jours et nuits, ils divisèrent l'année en 365 jours. Comme le cycle de la Lune durait à peu près 30 jours et nuits, ils divisèrent l'année en 12 mois de 30 jours, chaque mois étant encore divisé en trois décades de 10 jours. Enfin, pour arriver à un total de 365, ils ajoutèrent cinq jours supplémentaires, appelés les jours épagomènes, qui devinrent des jours de célébration des dieux Osiris, Seth, Isis, Nephtys et Horus. Comme l'année astronomique ne dure pas exactement de 365 jours, le calendrier égyptien dérivait doucement par rapport au cycle de la voûte céleste, d'environ une journée tous les quatre ans. La crue du Nil ne coïncidait donc avec le début officiel de l'année que tous les 1460 ans, une longueur de temps qu'on a baptisé la période sothiaque. Il faudra attendre que Jules César instaure le calendrier julien et ses années bissextiles en 45 avant notre ère pour que le calendrier soit mieux aligné sur les astres. Les Egyptiens inventèrent aussi le découpage du jour en 24 heures. Pour mieux se retrouver dans la voûte céleste et mesurer le passage du temps, ils découpèrent le ciel en petits groupes d'étoiles bien reconnaissables qui se levaient les uns après les autres au cours de la nuit. Pour coïncider avec les décades de 10 jours, chaque groupe d'étoiles avait été choisi de telle façon que son lever héliaque soit séparé du précédent de 10 jours. On comptait donc 36 groupes d'étoiles, qu'on baptisa les décans. Puisque la longueur de la nuit dépend des saisons, le nombre de décans observables pendant une nuit est variable. Mais au début de l'été, à l'époque du lever héliaque de Sirius, la nuit ne dure qu'environ 8 heures et seuls 12 décans sont observables.
Ce nombre fut pris – de manière un peu arbitraire – comme base du nouveau système.
Le principe fut étendu à la journée, elle-même découpée en 12 heures. C'est ainsi que les Egyptiens établirent la journée de 24 heures que nous utilisons encore.

-335 Aristote fonde le Lycée à Athènes

EUCLIDE

Né vers 325 avant J.C. et mort vers **265 avant J.C.**

Un des plus grands mathématiciens de l'Antiquité

Est l'auteur des *Éléments*, qui sont considérés comme l'un des textes fondateurs des mathématiques modernes.

Ces postulats, comme celui nommé le « postulat d'Euclide », que l'on exprime de nos jours en affirmant que « par un point pris hors d'une droite il passe une et une seule parallèle à cette droite » sont à la base de la géométrie systématisée.

Euclide est un mathématicien de la Grèce antique, auteur d'*éléments de mathématiques*, qui constituent l'un des textes fondateurs de cette discipline en Occident. Aucune information fiable n'est parvenue sur la vie ou la mort d'Euclide ; il est possible qu'il ait vécu vers 300 avant notre ère.

Son ouvrage le plus célèbre, les *Éléments*, est un des plus anciens traités connus présentant de manière systématique, à partir d'axiomes et de postulats, un large ensemble dethéorèmes accompagnés de leurs démonstrations. Il porte sur la géométrie, tant plane que solide, et l'arithmétique théorique. L'ouvrage a connu des centaines d'éditions en toutes langues et ses thèmes restent à la base de l'enseignement des mathématiques au niveau secondaire dans de nombreux pays. Comme le résume l'historien des mathématiques Peter Schreiber, « sur la vie d'Euclide, pas un seul fait sûr n'est connu ».

L'écrit le plus ancien connu concernant la vie d'Euclide apparaît dans un résumé sur l'histoire de la géométrie écrit au Ve siècle de notre ère par le philosophe néo-platonicien Proclus, commentateur du premier livre des *Éléments*. Proclus ne donne lui-même aucune source pour ses indications. Il dit seulement que « en rassemblant ses *Éléments*, Euclide en a coordonnés beaucoup et a évoqué dans d'irréfutables démonstrations ceux que ses prédécesseurs avaient montrés d'une manière relâchée.

Cet homme a d'ailleurs vécu sous Ptolémée premier, car Archimède mentionne Euclide. Euclide est donc plus récent que les disciples de Platon, mais plus ancien qu'Archimède et Ératosthène». Si on admet la chronologie donnée par Proclus, Euclide, vivant entre Platon et Archimède et contemporain de Ptolémée Ier, a donc vécu vers 300 avant notre ère. Aucun document ne vient contredire ces quelques phrases, ni les confirmer vraiment. La mention directe d'Euclide dans les œuvres d'Archimède vient d'un passage considéré comme douteux. Archimède fait bien appel à certains résultats des *Éléments* et un ostrakon[15], trouvé sur l'île d'Éléphantine et daté du IIIe siècle avant notre ère, traite de figures étudiées dans le livre XIII des Éléments, comme le décagone et l'icosaèdre, mais sans reproduire exactement les énoncés euclidiens ; ils pourraient donc provenir de sources antérieures à Euclide.

La date approximative de 300 avant notre ère est toutefois jugée compatible avec l'analyse du contenu de l'œuvre euclidienne et est celle adoptée par les historiens des mathématiques. Par ailleurs, une allusion du mathématicien du IVe siècle de notre ère, Pappus d'Alexandrie, suggère que des élèves d'Euclide auraient enseigné à Alexandrie.

---

[15] Un **ostracon** ou **ostrakon** est un tesson de poterie ou un éclat de calcaire utilisé dans l'Antiquité comme support d'écriture

Certains auteurs ont sur cette base associés Euclide au Mouseîon d'Alexandrie, mais, là encore, il ne figure sur aucun document officiel correspondant. Le qualificatif souvent associé à Euclide dans l'Antiquité est simplement *Stoichéiôtês*, l'auteur d'Éléments.

Portrait d'Euclide par Juste de Gandpeint vers 1474 ; le géomètre est erronément identifié à Euclide de Mégare, selon une confusion courante à l'époque entre ce dernier et l'auteur des *Éléments*. Plusieurs anecdotes circulent à propos d'Euclide, mais comme elles apparaissent aussi pour d'autres mathématiciens, elles ne sont pas considérées comme réalistes : il en est ainsi de celle, célèbre, rapportée par Proclus, selon laquelle Euclide aurait répondu à Ptolémée – qui souhaitait une voie plus facile que celles des *Éléments* – qu'il n'y avait pas de voie royale en géométrie.

Une variante de la même anecdote est en effet attribuée à Ménechme et Alexandre le Grand. De même, depuis l'Antiquité tardive, divers détails sont ajoutés aux récits de la vie d'Euclide, sans sources nouvelles, et souvent de manière contradictoire.

Certains auteurs font ainsi naître Euclide à Tyr, d'autres à Gela, on lui attribue diverses généalogies, des maîtres particuliers, différentes dates de naissance et de mort, que ce soit pour respecter les règles du genre, ou pour favoriser certaines interprétations. Au Moyen Âge et au début de la Renaissance, le mathématicien Euclide est ainsi souvent confondu avec un philosophe contemporain de Platon, Euclide de Mégare.

Confronté à ces contradictions et au manque de sources fiables, l'historien des mathématiques Jean Itard a même suggéré en 1961 qu'Euclide en tant qu'individu n'existait peut-être pas.

L'empire Romain à l'époque d'Auguste, 27 avant J.C.

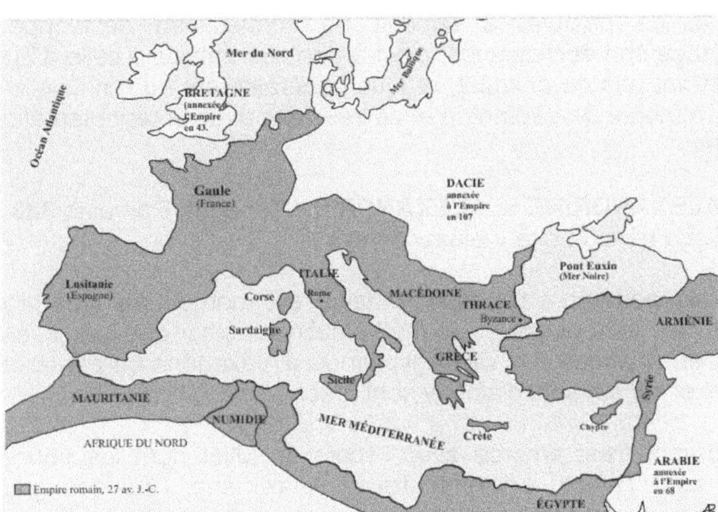

Que le nom pouvait désigner « le titre collectif d'une école mathématique », soit celle d'un maître réel entouré d'élèves, soit même un nom purement fictif. Mais cette hypothèse ne semble pas retenue.
Un des plus anciens fragments des Éléments d'Euclide qui nous soit parvenu, découvert à Oxyrhynque et qui daterait d'entre 75 et 125 avant J.C.

Nous ne disposons pas de plus d'un pour cent du texte d'Euclide, dans des sources antérieures à la fin du IXe siècle. La géométrie telle qu'elle est définie par Euclide dans ce texte fut considérée pendant des siècles comme *la* géométrie, et comme une représentation adéquate du monde physique. Or, parmi les postulats du livre I, figure celui connu sous le nom de « postulat d'Euclide » ou « postulat des parallèles », que l'on exprime de nos jours sous la forme : « par un point pris hors d'une droite il passe une et une seule parallèle à cette droite ».

L'étude de ce postulat a conduit au XIXe siècle au développement de géométries non euclidiennes, c'est-à-dire alternatives à celle d'Euclide et n'admettant pas ce postulat, et plus généralement au renouvellement de la notion même de géométrie et de ses liens avec la représentation du monde réel.

Période ALEXANDRINE et ALEXANDRIE à l'époque Romaine **323 à 30 avant.J.C.** La période dite « alexandrine »

Et son prolongement à l'époque romaine est marqué par des progrès significatifs en astronomie et en mathématiques ainsi que par quelques avancées en physique. La ville égyptienne d'Alexandrie en est le centre intellectuel et les savants d'alors y sont grecs.

Le mouvement s'est amorcé avec l'école de Milet dont les principaux penseurs sont Thalès, Anaximandre et Anaximène. Une des grandes questions soulevées par les membres de cette école est celle du principe de toutes choses ou de l'élément constitutif de l'univers. Différentes théories ont été proposées et critiquées par les écoles de phylosophie qui ont suivi. Une autre grande question est celle de la validité des connaissances. Peut-on croire à ce que nos sens perçoivent ?

Platon distingue le monde des idées, la réalité du monde des objets perçus par nos sens. La vraie connaissance est celle du monde des idées, de l'abstraction.
Les figures géométriques, les rapports harmoniques, les mathématiques en général font partie du monde des idées, la recherche est essentiellement affaire de pensée.

Aristote reconcilie la science avec l'observation des phénomènes et fait une synthèse des théories scientifiques en ayant un souci constant de cohérence. Grâce en partie à cette cohérence, ses enseignements vont lui survivre deux mille ans.

- 312 L'Aqueduc Appia, premier aqueduc romain

ARISTARQUE de Samos

Né vers 310 avant J.C à Samos et mort vers **230 avant J.C.**

Astronome et mathématicien grec.
Théorie de l'héliocentrisme,
Astronomie de position

Son oeuvre est attestée par très peu de traces écrites. Il fut sans doute un des premiers à estimer avec une remarquable précision la distance Terre-Lune. Il proposa par ailleurs une méthode astucieuse afin de calculer la distance Terre-Soleil, mais des problèmes de précision de mesure l'amenèrent à sous-estimer d'un facteur 20 celle-ci, et par conséquent également la taille du Soleil. Aristarque est par ailleurs crédité (mais le seul témoignage écrit en est une phrase d'un manuscrit d'Archimède) pour avoir proposé un modèle héliocentrique du monde, dont nous ne savons hélas pas grand-chose.

Il mesure ensuite sous quel angle on voit la Lune de la Terre. Il trouve 2 °. Or, selon lui, le diamètre de la Lune vaut 1/3 du diamètre terrestre. En combinant les deux valeurs, il détermine que l'arc du diamètre lunaire sur l'orbite de la Lune (2 °) vaut 1/3 de diamètre terrestre (DT).

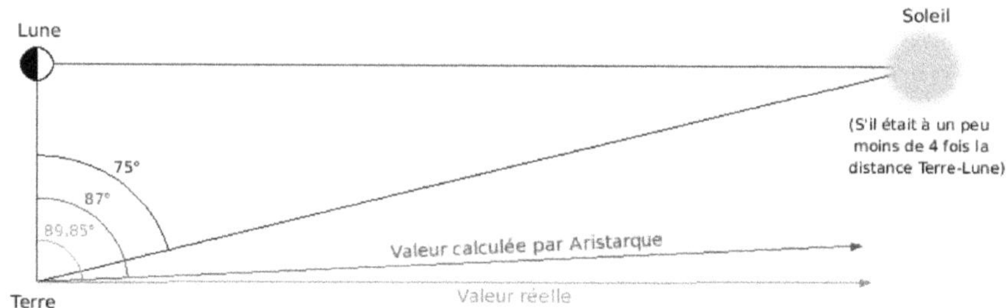

Méthode d'Aristarque de Samos pour calculer la distance Terre-Soleil

Bien que le résultat du calcul d'Aristarque ne soit pas donné par les textes, il est aisé d'en déduire que pour lui l'orbite lunaire mesure 60 diamètres terrestres. Par suite, la distance Terre-Lune mesure approximativement 40 rayons terrestres (60,2 en réalité).

Le procédé est ingénieux, mais la méthode et les calculs souffrent de nombreuses imprécisions. D'abord et surtout, le diamètre angulaire de la lune est très surestimé (2 ° contre 0,5 °).

Ensuite, cet angle est observé depuis la surface de la Terre, alors que le rayon de l'orbite part de son centre (l'élimination de cette approximation requiert des calculs trigonométriques) et le diamètre de l'ombre de la Terre sur la Lune est supérieur à son estimation. D'autres approximations ont une influence moindre sur le résultat : la valeur de π est peu précise à l'époque et l'ombre de la Terre est considérée comme cylindrique, alors qu'elle est en fait conique.

Le diamètre de la Terre vaut 3,7 diamètres lunaires et non 3, mais l'essentiel de la différence provient de l'imprécision de l'observation et non du caractère conique de l'ombre. Un calcul plus précis était tout à fait réalisable à son époque et fut conduit par Hipparque (v. 190 à 120 av. J.-C.). Mais pour Aristarque, qui était encore un philosophe-astronome, la méthode (géométrique) revêtait beaucoup plus d'importance que le résultat (arithmétique). Un cycle complexe des éclipses précis de 669 lunaisons fut connu des Assyriens au IIIe Siècle av. JC.

-305 Ptolémée Ier Soter roi d'Égypte fonde le Musée et la Bibliothèque d'Alexandrie.

Début de la fabrication du papier en Asie.

Vers –300 Traité d'Agriculture du Carthaginois Magon. Invention de la selle, du mors et fer à cheval en Asie centrale.

EUDEME de Rhodes, Mort en 300 avant J.C. Philosophe et premier historien des sciences.

Deux philosophes grecs, tous deux contemporains et amis d'Aristote (qui composa dans sa jeunesse un dialogue intitulé Eudème) nous sont désignés sous ce nom : l'un, Eudème de Chypre, dont nous ne savons rien, l'autre, Eudème de Rhodes, disciple et continuateur d'Aristote, rival de Théophraste, l'un des principaux représentants de l'école péripatéticienne[16] après la mort du maître.

La vie d'Eudème de Rhodes nous est peu connue : il est probable qu'il resta assez longtemps à Athènes après que Théophraste eut pris la succession d'Aristote, et qu'il retourna ensuite dans sa patrie. Il composa

[16] Ecole fondée par Aristote en 335 av. J.-C. au Lycée d'Athènes

un grand nombre d'ouvrages consacrés soit à exposer la doctrine aristotélique, soit à faire connaître l'histoire des sciences. C'est lui qui est aujourd'hui considéré comme l'auteur du livre attribué à Aristote sous le nom de Morale à Eudème et qui devrait s'appeler plutôt Morale d'Eudème. Eudème paraît s'être attaché plus fidèlement que Théophraste à conserver l'esprit et la lettre de la doctrine d'Aristote. Il a cependant introduit quelques modifications, dont voici les principales.

En logique, d'accord avec Théophraste, il développa la théorie de la conversion des propositions, soutint que la deuxième et la troisième figure du syllogisme peuvent constituer des raisonnements parfaits et fit entrer dans la logique l'étude des jugements disjonctifs et hypothétiques. En physique, il suivit pas à pas les traces d'Aristote, et essaya seulement de déterminer d'une manière plus précise les rapports de Dieu et du monde. Eudème développa de même la doctrine d'Aristote dans trois livres de physique, dont Simplicius nous a conservé de nombreux et importants fragments, et dans d'autres ouvrages sur les Catégories, les Analytiques (où il innova la considération des cinq modes secondaires de la première figure du syllogisme), sur la Diction, etc.

Ses fragments, dont Brandis avait commencé le recueil, ont été publiés par Spengel (Berlin, 1866) et insérés par Mullach dans les Fragmenta philosophorum Graecorumde la collection Didot (vol. III, 1881).

L'oeuvre la plus originale d'Eudème parait avoir consisté dans ses écrits sur l'histoire des mathématiques (un livre d'Histoire arithmétique, quatre d'Histoires géométriques, six d'Histoires astrologiques). Ces titres figurent dans le catalogue des écrits de Théophraste, que donne Diogène Laërce, mais toutes les citations qui en sont faites, et qui malheureusement sont trop rares, se réfèrent à Eudème. Il n'est donc pas douteux que, tandis que Théophraste s'était réservé le domaine de l'histoire de la physique, Eudème a le premier écrit sur celle des mathématiques et que tous les renseignements que nous possédons sur leur état avant le IIIe siècle proviennent plus ou moins directement de lui.

Ses ouvrages paraissent avoir été très circonstanciés (à en juger par l'important fragment relatif à la quadrature des lunules), et composés par ordre de matières ; le livre Sur l'angle, cité par Proclus, était probablement un des quatre des Histoires géométriques. Au point de vue de la critique historique, il est essentiel de remarquer que les ouvrages en question ont cessé d'être consultés de bonne heure, et qu'ils ont probablement été perdus défini tivement lors de l'incendie de la bibliothèque d'Alexandrie en 390.

Des extraits intéressants, touchant des points spéciaux, en avaient cependant été compilés (vers la fin du IIIe siècle, par un Sporos de Nicée, dans un recueil intitulé Khria et c'est ainsi qu'ils ont pu nous être conservés parEutocius et par Simplicius.

La conception de la matière des Chinois n'était guère en avance par rapport à celle des Grecs. Contrairement à ces derniers qui croyaient que les substances étaient composées de quatre éléments (terre, eau, feu et air), le savant Zou Yan (-305‑-240) pensait qu'il y en avait cinq (terre, eau, feu, bois et métal) qui interagissaient grâce à deux principes opposés, le Yang (doté des qualités chaleur, ardeur, soleil, virilité) et le Yin (froid, humidité, sombre, féminité). En revanche, les Chinois étaient largement supérieurs dans le domaine de l'optique : les mohistes, disciples du philosophe chinois Mo Zi, réalisaient (300 ans avant J.-C. !) des expériences sur les ombres, sur les pénombres, sur la chambre noire, sur les miroirs (plans, convexes et concaves) et leurs associations. Ces manipulations suivaient un protocole étonnamment moderne : non seulement elles étaient décrites « *de façon précise* », mais faisaient également l'objet d'une « *conclusion et d'une explication* ». De plus, ces hommes les interprétaient à l'aide de la « *notion de rayon lumineux* ». C'est singulièrement merveilleux quand on sait que les Grecs de l'Antiquité, notamment Aristote, négligeaient les expériences et croyaient au « *rayon visuel* », un rayon qui part de l'œil de l'observateur en direction de l'objet. Ajoutons que notre civilisation n'a découvert la notion de rayon lumineux que grâce au *Traité d'Optique* d'Ibn Al Haytham, dit Alhazen, livre qui a inspiré Vitellion au XIIIe siècle, puis, par son intermédiaire, d'autres savants européens plusieurs siècles plus tard. Devant une telle avance chinoise sur notre civilisation, on reste interloqué : comment se fait-il que la science moderne ne soit pas née en Chine ?

300 avant J.C. Invention de l'horloge à eau ou Clepsydre

Dans une **clepsydre**, le temps est évalué par l'écoulement régulier d'une quantité d'eau déterminée : C'est une horloge à eau connue aussi bien des Egyptiens que des Amérindiens ou que des Grecs. Un vase percé d'un trou laisse couler de l'eau. Des graduations situées à l'intérieur permettent de mesurer des intervalles de temps. Cette clepsydre a une forme évasée, plus large en haut, car le débit de l'eau est plus grand quand la hauteur est grande.

ARCHIMEDE de Syracuse

Né à Syracuse vers 287 av. J.-C., mort en cette même ville en **212 av. J.-C.**

Un grand scientifique grec de Sicile, Physicien, mathématicien et ingénieur.

Les travaux sur sa poussée correspondent à la première loi physique connue. Bien que peu de détails de sa vie soient connus, il est considéré comme l'un des principaux scientifiques de l'Antiquité classique. Parmi ses domaines d'étude en physique, on peut citer l'hydrostatique, la mécanique statique et l'explication du principe du levier. Il est crédité de la conception de plusieurs outils innovants, comme la vis d'Archimède.

Archimède est généralement considéré comme le plus grand mathématicien de l'Antiquité et l'un des plus grands de tous les temps. Il a utilisé la méthode d'exhaustion pour calculer l'aire sous un arc de parabole avec la somme d'une série infinie et a donné un encadrement de Pi d'une remarquable précision.
Il a également introduit la spirale qui porte son nom, des formules pour les volumes des surfaces de révolution et un système ingénieux pour l'expression de très grands nombres. Archimède est mort pendant le siège de Syracuse où il a été tué par un soldat romain qui a agi malgré les ordres demandant de ne pas lui nuire. Contrairement à ses inventions, les écrits mathématiques d'Archimède sont peu connus dans l'Antiquité.

Les mathématiciens d'Alexandrie l'ont lu et cité, mais la première compilation n'a été faite qu'en 530 après Jésus-Christ par Isidore de Milet, tandis que les commentaires de l'œuvre d'Archimède dus à Eutocios d'Ascalon durant le VIe siècle ont pour la première fois ouvert ses écrits à un plus large public. Le nombre relativement restreint de copies du travail écrit d'Archimède qui ont survécu à travers le Moyen Âge a été une puissante source d'inspiration pour les scientifiques au cours de la Renaissance.

La découverte en 1906 de travaux d'Archimède jusque-là inconnus dans le palimpseste[17] d'Archimède a fourni de nouvelles idées à propos de la façon dont il a obtenu ses résultats mathématiques.
La vie d'Archimède est peu connue, on ne sait pas par exemple s'il a été marié ou a eu des enfants.

Les informations le concernant proviennent principalement de Polybe (202 av. J.-C. - 126 av. J.-C.), Plutarque (46 - 125), Tite-Live (59 av. J.-C. – 17 ap. J.-C.) ou bien encore pour le cas de l'anecdote de la baignoire, du célèbre architecte romain Vitruve. Ces sources sont donc, sauf pour Polybe, très postérieures à la vie d'Archimède.

Concernant les mathématiques, on a trace d'un certain nombre de publications, travaux et correspondances. Il a en revanche jugé inutile de consigner par écrit ses travaux d'ingénieur qui ne nous sont connus que par des tiers. Il fut le contemporain d'Ératosthène. On suppose qu'il parachève ses études à la très célèbre école d'Alexandrie. Du moins, on est sûr qu'il en connaissait des professeurs puisqu'on a retrouvé des lettres qu'il aurait échangées avec eux.
Proche de la cour de Hiéron II, roi de Syracuse, il entre à son service en qualité d'ingénieur et participe à la défense de la ville lors de la deuxième Guerre punique.

---

[17] Parchemin dont la première écriture, grattée ou lavée, a fait place à un nouveau texte.

Un système de numération parent de celui d'Archimède faisait l'objet du livre I de la *Collection Mathématique* de Pappus d'Alexandrie. La majeure partie de ses travaux concernent la géométrie avec :
L'étude du cercle où il détermine une méthode d'approximation de pi à l'aide de polygones réguliers et montre l'encadrement.
L'étude des coniques en particulier la parabole dont il présente deux calculs d'aire très originaux. Il prolonge le travail d'Eudoxe de Cnide sur la méthode d'exhaustion l'étude des aires et des volumes qui font de lui un précurseur dans le calcul qui ne s'appelle pas encore intégral.

Spirale et cercle – Rapport de surface : 1/3

Il a travaillé en particulier sur le volume de la sphère et du cylindre et a demandé à ce que ces figures soient gravées sur sa tombe. Dans son traité *De la sphère et du cylindre*, il avait démontré que le rapport des volumes d'une boule et d'un cylindre, si la sphère est tangente au cylindre par la face latérale et les deux bases, est égal à 2/3, de même que le rapport de leurs surfaces (en incluant, pour le cylindre, la surface des deux disques).
L'étude de la spirale qui porte son nom. Il montre que son aire vaut le tiers du cercle qui la contient et utilise sa tangente pour proposer une rectification du cercle (trouver un segment dont la longueur est égale à la circonférence d'un cercle donné).

La méthode d'exhaustion et l'axiome de continuité (présent dans les *Éléments* d'Euclide, proposition 1 du livre X) : « En soustrayant de la plus grande de deux grandeurs données plus de sa moitié, et du reste plus de sa moitié, et ainsi de suite, on obtiendra (on finira par obtenir en réitérant le procédé un nombre fini de fois) une grandeur moindre que la plus petite ». De cette méthode on a pu faire d'Archimède un précurseur du calcul infinitésimal. La *Méthode* d'Archimède apparaît en particulier dans un palimpseste connu sous le nom de palimpseste d'Archimède, qui contient également les traités *Des corps flottants*, et le *Stomachion*.

Archimède est considéré comme le père de la mécanique statique. Dans son traité, *De l'équilibre des figures planes*, il s'intéresse au principe du levier et à la recherche de centre de gravité. On lui attribue aussi le principe d'Archimède sur les corps plongés dans un liquide (*Des corps flottants*).
Archimède conçoit, sur ce principe, le plus grand navire de l'Antiquité, le *Syracusia* commandité par le tyran de SyracuseHiéron II et construit par Archias de Corinthe vers 240 avant JC. Il travailla également sur l'optique (*La catoptrique*).
Il met en pratique ses connaissances théoriques dans un grand nombre d'inventions. On lui doit, par exemple,
des machines de traction où il démontre qu'à l'aide de poulies, de palans (une autre de ses inventions) et de leviers, l'homme peut soulever bien plus que son poids ; des machines de guerre (principe de la meurtrière, catapultes, bras mécaniques utilisés dans le combat naval).

Parmi les machines de guerres très importantes l'on doit souligner l'appareil à mesurer les distances (odomètre) que les Romains empruntèrent à Archimède. En effet pour que l'armée soit efficace, elle doit être reposée et les journées de marche doivent donc être identiques. La machine d'Archimède doit être réalisée avec des dents d'engrenage pointues et non carrées.
La vis sans fin et la vis d'Archimède, dont il rapporte, semble-t-il, le principe d'Égypte et dont il se sert pour remonter de l'eau. On lui attribue aussi l'invention de la vis de fixation et de l'écrou ;
Le principe de la roue dentée grâce auquel il construisit un planétaire représentant l'Univers connu à l'époque.

Certains archéologues lui attribuent également la « machine d'Anticythère » dont des fragments sont conservés au Musée national archéologique d'Athènes. Cette machine permettait notamment de facilement prévoir les dates et heures des éclipses solaires et lunaires.

Le génie d'Archimède en mécanique et en mathématique fait de lui un personnage exceptionnel de la Grèce antique et explique la création à son sujet de faits légendaires. Ses admirateurs, parmi lesquels Cicéron qui redécouvrit sa tombe deux siècles plus tard, Plutarque qui relata sa vie, Léonard de Vinci, et plus tard Auguste Comte ont perpétué et enrichi les contes et légendes d'Archimède. À l'instar de tous les grands savants, la mémoire collective a associé une phrase, une fable transformant le découvreur en héros mythique :
« à Isaac Newton est associée la pomme, à Louis Pasteur le petit Joseph Meister, à Albert Einstein la formule $E = mc^2$ ».
L'anecdote est douteuse. Elle ne figure pas dans les écrits d'Archimède. En outre, la méthode utilisée (calcul de la masse volumique de la couronne) est assez triviale et n'a pas de rapport avec la poussée d'Archimède, dont la conception est beaucoup plus évoluée.

Il est probable que Vitruve ait eu connaissance d'une découverte d'Archimède relative aux corps plongés dans l'eau, sans savoir précisément laquelle. Cependant, si la méthode de Vitruve est sans intérêt, la poussée d'Archimède permet de concevoir la balance hydrostatique (proposée pour la première fois par Galilée). Ceci permettrait de déterminer la densité de la couronne avec précision ; on ignore si Archimède en avait eu l'idée. Lors de l'attaque de Syracuse, alors colonie grecque, par la flotte romaine, la légende veut qu'il ait mis au point des miroirs géants pour réfléchir et concentrer les rayons du soleil dans les voiles des navires romains et ainsi les enflammer. Cela semble scientifiquement peu probable car des miroirs suffisamment grands étaient techniquement inconcevables, le miroir argentique n'existant pas encore.

Pour Archimède, ce sera le mot *Eurêka !* « J'ai trouvé ! » prononcé en courant nu à travers les rues de la ville. Selon Vitruve, Archimède venait de trouver la solution à un problème posé par Hiéron II, tyran de Syracuse. En effet, Hiéron avait fourni à un orfèvre une certaine quantité d'or à façonner en une couronne. Afin d'être sûr que l'orfèvre ne l'avait pas dupé en substituant de l'argent (métal moins cher) à une partie de l'or, Hiéron demanda à Archimède de déterminer si cette couronne était effectivement constituée d'or uniquement, et sinon, d'identifier sa composition exacte. C'est dans sa baignoire, alors qu'il cherchait depuis longtemps, qu'Archimède trouva la solution et sortit de chez lui en prononçant la célèbre phrase. Il lui suffisait de mesurer le volume de la couronne par immersion dans l'eau puis la peser afin de comparer sa masse volumique à celle de l'or massif.

Seuls des miroirs en bronze poli pouvaient être utilisés.
Des expériences visant à confirmer la légende ont en effet montré la difficulté de reproduire dans des conditions réalistes les faits rapportés par la légende. De nombreux facteurs tendent en effet à remettre en cause le fait qu'Archimède disposait de toutes les conditions requises pour enflammer un navire à une grande distance. Archimède a écrit plusieurs traités, dont douze nous sont parvenus. On suppose que quatre ou cinq ont été perdus.

SOSTRATOS de Cnide

Vers −283-280 : Construction du Phare d'Alexandrie.

Il n'est connu que pour trois réalisations originales. Il a érigé à Cnide, selon Lucien de Samosate, un ensemble de portiques qui étaient entièrement peints, avec l'inscription de son nom et désignés comme le « portique de Sostrate ». Il aurait imaginé, toujours pour la cité de Cnide, d'une « promenade suspendue » [*pensilis ambulatio*], une vaste terrasse publique à arcades, soutenue par des colonnades. Le satrape d'Égypte, Ptolémée Ier, selon Pline l'Ancien[4], lui a confié la construction du Phare d'Alexandrie, tour-fanal de l'île de Pharos, près du port d'Alexandrie, et l'architecte reçoit le privilège d'inscrire son nom sur l'édifice. Lucien, dans *Comment il faut écrire l'histoire*, donne une autre version : Sostrate aurait gravé une inscription non autorisée : « Sostrate de Cnide, fils de Dexiphane, aux dieux sauveurs en faveur de ceux qui vont en mer » ; puis l'aurait recouverte d'un enduit dégradable avant d'inscrire la dédicace traditionnelle au souverain. Avec le temps, les vagues emportèrent l'enduit, laissant apparaître la véritable signature. Lors de sa prise de pouvoir sur l'Égypte, le satrape Ptolémée Ier l'aurait aussi engagé pour prendre Memphis en détournant le cours du Nil vers la ville.

ERATOSTHENE

Né vers 276 avant J.C. à Cyrène actuelle lybie et mort vers **194 avant J.C** à Alexandrie

Astronome, géographe, philosophe et mathématicien grec

Fit la première mesure précise du rayon terrestre : il utilisa le fait que l'ombre portée d'un bâton à midi faisait 7° 10' le jour du solstice à Alexandrie alors qu'elle était nulle. Ce le Soleil était au zénith) 800 kilomètres plus au sud à Syène sur le tropique du Cancer.
Ce fut le premier calcul mathématique de mesure dans le système solaire. Il trouva ainsi 6500 kilomètres pour le rayon terrestre, soit une valeur remarquablement correcte. Disciple d'Ariston de Chios, Ératosthène fut nommé à la tête de la bibliothèque d'Alexandrie vers 245 avant J.C. à la demande de Ptolémée III, pharaon d'Égypte, et fut précepteur de son fils Ptolémée IV. Selon Suidas, il se laissa mourir de faim, parce que, devenu aveugle, il ne pouvait plus admirer les étoiles. Mathématicien, il établit le crible d'Ératosthène, méthode qui permet de déterminer par exclusion tous les nombres premiers.

Il travailla sur le problème de la duplication du cube, et imagina le mésolabe, instrument propre à connaître les moyennes proportionnelles. En tant qu'astronome, il mit au point des tables d'éclipses et un catalogue astronomique de 675 étoiles. Il démontra l'inclinaison de l'écliptique sur l'équateur et fixa cette inclinaison à, approximativement, 23°51'.

En histoire, il continua les recherches de Manéthon sur l'Égypte antique, et dressa une chronologie des rois thébains. Il fut l'un des premiers savants, avec Hipparque, à prendre les déclarations, témoignages de son périple, et surtout ses observations astronomiques de Pythéas en considération ; au fil du temps, ces récits sont apparus crédibles. Ses études portaient sur la répartition des océans et des continents, les vents, les zones climatiques et les altitudes des montagnes.

On lui attribue le terme *géographie*. Il laissa une carte générale de l'écoumène qui fut longtemps l'unique base de la géographie : il y donnait la valeur de 47°42' à l'arc du méridien compris entre les deux tropiques ; vingt siècles après lui, l'Académie française des sciences retrouvait à peu près la même mesure (47°40'). On attribue en général l'idée de la sphéricité de la Terre à l'école pythagoricienne ou à Parménide dès le VIe siècle avant J.-C. La Terre était déjà considérée comme sphérique par Platon (Ve siècle avant J.-C.) et par Aristote (IVe siècle avant J.-C.).

La plus ancienne mesure de la circonférence de la Terre qui nous soit connue est rapportée par Aristote et s'élève à 400 000 stades (~ 60 000 km). La méthode utilisée par Ératosthène est décrite par Cléomède dans sa *Théorie circulaire des corps célestes*. Ératosthène déduisit la circonférence de la Terre (ou méridien terrestre) d'une manière purement géométrique. Il compara l'observation qu'il fit sur l'ombre de deux objets situés en deux lieux, Syène (aujourd'hui Assouan) etAlexandrie, considérés comme étant sur le même méridien, le 21 juin (solstice d'été) au midi solaire local. C'est à ce moment précis de l'année que dans l'hémisphère nord le Soleil détient la plus haute position au-dessus de l'horizon.
Or, dans une précédente observation, Ératosthène avait remarqué qu'il n'y avait aucune ombre dans un puits à Syène (ville située à peu près sur le tropique du Cancer) ; ainsi, à ce moment précis, le Soleil était à la verticale et sa lumière éclairait directement le fond du puits.

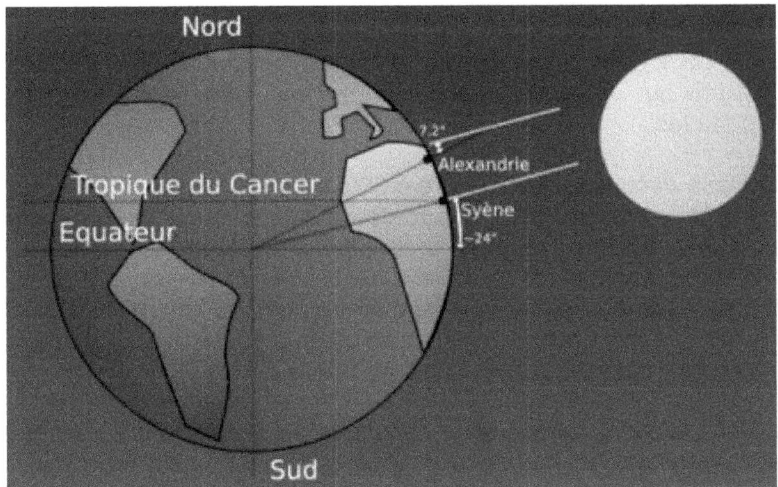

Calcul de la circonférence de la terre

Ératosthène remarqua cependant que le même jour à la même heure, un obélisque situé à Alexandrie formait une ombre ; le Soleil n'était donc plus à la verticale et l'obélisque avait une ombre décentrée. En comparant l'ombre et l'obélisque, Ératosthène déduisit que l'angle entre les rayons solaires et la verticale était de 1/50 d'angle plein, soit 7,2 degrés. Ératosthène évalua ensuite la distance entre Syène et Alexandrie en faisant appel à un bématiste[18] qui compta le nombre de pas effectués par un chameau entre les deux villes, connaissant la longueur d'un pas de chameau : la distance obtenue était de 5 000 stades. Ératosthène considérait comme parallèles les rayons lumineux du Soleil en tout point de la terre. Par la théorie géométrique des angles alternes-internescongrus, Ératosthène proposa une figure *simple*.

[18] Un bématiste est un arpenteur de la Grèce antique qui mesurait la distance entre deux points en comptant le nombre de pas

Elle était composée d'un simple cercle ayant un angle au centre de 7,2 degrés qui intercepte un arc (reliant Syène à Alexandrie) de 5 000 stades.

Si 1/50 de la circonférence mesure 5 000 stades, la circonférence de la terre peut être évaluée à250 000 stades. La longueur exacte du stade utilisé par Ératosthène nous est inconnue. Mais si on suppose qu'il a utilisé le stade égyptien et qu'on évalue celui-ci à environ 157,5 m, on obtient une circonférence de la terre d'environ 39 375 km, mesure proche de la réalité (les mesures actuelles donnent à l'équateur 40 075,02 km et sur un méridien passant par les pôles 40 007,864 km).

Entre – 270 et –250 : Mécanique appliquée de Ctésibios à Alexandrie : l'orgue hydraulique, la pompe aspirante et foulante, des machines de guerre, la clepsydre. L'hydraule ou premier orgue est le plus vieil instrument à clavier de l'histoire inventé par Ctésibios vers −270

CTESIBIOS à Alexandrie
Vers -270 avant J.C.

Il est considéré comme le fondateur de l'école des mécaniciens grecs d'Alexandrie dont la tradition se poursuivra avec Philon de Byzance, Vitruve à Rome et Héron d'Alexandrie.

On ne connaît pas grand-chose sur sa vie, ni les lieux et dates de sa naissance et de son décès. On sait juste qu'il a vécu à Alexandrie, car des documents parlent d'une corne d'abondance chantante qu'il créa pour une statue de la femme du pharaon Ptolémée II.

Nombre de ses inventions comme le piston, l'hydraule, le clavier, la soupape, le monte-charge, la clepsydre, l'horloge musicale, le canon à eau et bien d'autres ont eu un retentissement majeur sur la civilisation occidentale.

Les *Pneumatiques* et le traité des clepsydres nous sont parvenus par la voie arabe. Le traité des machines de jet nous indique clairement l'existence d'une tradition déjà ancienne avec en particulier l'utilisation de modules pour construire les machines et de formules pour en tirer les dimensions.

Philon de Byzance donne une description de l'orgue hydraulique et de la pompe aspirante et foulante de Ctésibios dont il est considéré comme le successeur. Il est donc à la fois compilateur et novateur. Il a laissé un ouvrage aujourd'hui perdu : *Les Commentaires*. On en connaît des bribes grâce à Héron d'Alexandrie qui en a repris des fragments dans sa *Pneumatique*.

Vers -250, le papier

Si vous pensiez que le papier avait été inventé par les Égyptiens et leur papyrus, c'est râté ! Les plus vieux spécimens de papier grossier ont été retrouvés en Chine environ 200 à 300 ans avant notre ère. La technique de fabrication est relativement simple : on réduit en bouillie des fibres de chanvre ; la pâte ainsi obtenue est pressée à travers un tissu et donne une sorte d'eau. Reste plus qu'à étaler ce liquide le plus finement possible et à attendre que cela sèche. Les Chinois ont ensuite eu l'idée de tendre ces feuilles de papier sur un support vertical et d'inventer la calligraphie au pinceau.

De la CHINE à ROME. Le tournant des empires

De l'Extreme-Orient a l'Occident, des empires se consolident.
Un reseau continu de connexions s'amorce.

En - 221,
Au terme de deux siecles de guerre entre les Royaumes combattants, le roi de Qin (T'sin) unifie la Chine, ecrasant les Etats rivaux grace a la puissance militaire batie par ses predecesseurs. Il se proclame *Shi Huangdi*, « Premier Auguste Empereur sous le Ciel », fait bruler les livres dits « Classiques » pour mieux imposer l'ideologie legiste, unifie l'ecriture, les poids et mesures, jusqu'à la largeur des essieux des vehicules...
Mais forme a l'ecole de la guerre et du pillage, il se lance dans une politique de depenses excessives.

En temoigne le gigantesque mausolee souterrain de plus de 50 km2 qui abrite sa depouille et une armee d'au moins 8 000 soldats d'argile grandeur nature. Ce despote ne sait pas gerer un empire, dont il reve pourtant qu'il dure dix mille ans. Il meurt en - 210.

Les routes de la Soie... chinoise

Au terme de huit ans d'intrigues, Liu Bang, fils de paysans devenu seigneur de guerre, accapare le trone en - 202. Il fonde la dynastie Han (-202/220), qui apporte trois siecles et demi de prosperite a la Chine. Cette periode est marquée par une expansion terrestre tous azimuts, particulierement vers le nord-ouest (actuel Xinjiang) et vers le Vietnam.
L'empereur Wudi (regne - 140/- 87) desire se procurer les chevaux du Ferghana (Ouzbekistan). Il y envoie une ambassade, menee par Zhang Qian, en quete d'une alliance de revers aupres des clans Yuezhi contre les nomades Xiongnu, qui ont forme une confederation militaire en reaction aux conquetes chinoises. Cette expedition devient l'acte

d'inauguration des routes terrestres de la Soie. Desormais, le contact sera permanent entre Asie occidentale et Asie orientale.

Les idees, techniques, maladies, plantes et autres nouveautes vont contourner l'Himalaya par le nord sur les pistes, par le sud sur les flots de l'ocean Indien. Les marchands chinois achetent du jade au Khotan (un royaume apparu vers - 250 au sud de l'actuel Taklamakan, qui se convertit au bouddhisme vers - 50), croisent leurs homologues mesopotamiens en quete de lapis-lazuli en Afghanistan... L'economie monetaire chinoise, en germe depuis un millenaire, se standardise a partir de - 119, avec la frappe d'une monnaie imperiale qui restera la reference jusqu'au 7e siecle de notre ere. Pour financer ses campagnes militaires, ses grands travaux et la colonisation des terres annexees aux frontieres, le gouvernement nationalise la production de fer et de sel en - 117.
Un siecle et demi plus tard, ces monopoles d'Etat sont cedes a des entrepreneurs prives.

Les impots percus par l'Etat sont de trois types : les agriculteurs sont soumis a des prelevements fonciers en nature, les chefs de maison doivent s'acquitter d'une capitation en monnaie, les echanges commerciaux sont taxes.
Enfin, les hommes adultes doivent des journees de corvee à l'Etat, et un service militaire.
C'est sous les Han que le confucianisme devient ideologie d'Etat, et que le bouddhisme fait son apparition. L'essor de la bureaucratie amene à perfectionner le papier, ameliorant sa qualite pour l'utiliser comme support d'ecriture. Invente cinq siecles auparavant, il sert deja à des fins hygieniques. Il est fabrique à partir d'une pate à base d'ecorces de murier, de lin et de chanvre. Le gouvernail, plus efficace que les rames directionnelles utilisees partout ailleurs, est atteste au debut de notre ere, et il restera monopole chinois durant plusieurs siecles.

Dans toute l'Eurasie, l'essor des echanges a encourage le developpement des Etats et les innovations techniques, dans le domaine agricole puis industriel (charrue a versoir en Chine au 2e siecle avant notre ere ; moulin a eau, apparu simultanement au debut de notre ere en Chine et en Mediterranee ; invention du mortier dans l'Empire romain au meme moment).

A partir d'environ 165, les epidemies et les famines affaiblissent l'Etat chinois. Des revoltes paysannes eclatent, souvent structurees par des mouvements taoistes en voie d'institutionnalisation (Turbans jaunes, Maitres celestes...), s'efforcant d'instaurer une « Grande Paix » beneficiant aux masses paysannes. Les nomades Xiongnu, menacants depuis plusieurs siecles, accroissent leur pression aux frontieres. Une guerre civile d'une cinquantaine d'annees se conclut par la desintegration de l'Empire Han.

LES CHEMINS de ROME

L'epopee d'Alexandre a propage de facon superficielle, jusqu'en Inde, la culture et les ideaux grecs... Mais surtout le commerce, qui prend une ampleur sans equivalent : la pratique grecque de la frappe de monnaie se conjugue au tresor royal accumule par les rois perses.

Une economie monetarisee jaillit de l'Egypte à l'Inde. A partir de - 140, les liaisons maritimes entre Chine, Inde et Egypte deviennent frequentes grace a la connaissance des vents de mousson, et seul le portage a travers l'isthme de Kra (Malaisie) augmente substantiellement le cout des transports. Des marins indonesiens commercent jusqu'en mer Rouge au debut de notre ere. Des marchands venus de Mediterranee sollicitent en 166 une audience aupres de l'empereur de Chine. La soie devient le moteur des echanges transcontinentaux – et la Chine en detient les secrets de fabrication. Rome en consomme des quantites de plus en plus importantes, les reglant en pate de verre colore et surtout en or.

D'intermediaire en intermediaire, la soie prend de la valeur, est detissee pour augmenter le volume commercialisable, jusqu'a en devenir transparente. Le philosophe Seneque le Jeune (mort en 65) vitupere la decadence de ses contemporains, qui appauvrissent l'economie romaine et laissent transparaitre la nudite de leurs femmes en les vetant de soie.

L'essor de la Republique romaine

Vers - 510/- 27 a ete comparable a la trajectoire des *polis* grecques, avec des variantes. Les patriciens, deliberant au Senat, instaurent une aristocratie plus importante, que les tentatives de reforme sociale et agraire des deux freres Gracques, en - 133 et - 123, n'arrivent pas entamer.
Pour l'emporter sur les phalanges grecques, les Romains adoptent ≈ - 387 un modele organisationnel plus flexible, plus performant car cohesif sur tout terrain, celui des manipules (groupes coordonnes) regroupes en legions.

De conquete en conquete, les soldats deviennent professionnels (instauration d'une armee de metier par Marius en - 106), les esclaves toujours plus nombreux à travailler les champs. La victoire de Rome dans tout le bassin mediterraneen favorise l'emergence d'un gouvernement imperial en - 27. Vers 30, un evenement passe inapercu : la crucifixion d'un Juif du nom de Jesus, a Jerusalem. Un citoyen romain juif et hellenise, nomme Saul, Paul, se charge deux decennies plus tard de diffuser la foi judeo-chretienne aupres des proselytes. Ces derniers sont des Romains attires par le judaisme, comme d'autres le sont par les nouvelles religions venues d'Orient, cultes d'Isis l'Egyptienne, de Mithra le Perse...

Ces religions s'etendent progressivement au detriment des cultes poliades, rendus a des divinites attachees aux cites, lors de ceremonies qui constituent des obligations civiques pour l'elite citoyenne masculine. Le succes des cultes orientaux repose sur leur capacite à combler les manques des religions poliades : ils apportent des reponses a la question de la vie apres la mort, et peuvent embraser en communion tout un chacun, y compris les femmes. Entre 66 et 73, une revolte juive fait rage.

Elle entraine en 70 la prise de Jerusalem par les Romains et l'incendie du Temple. Les Juifs perdent leur lieu de culte, et une nouvelle revolte se solde par la destruction de Jerusalem en 135. Dans les trois siecles qui suivent, judaisme et christianisme divergent. D'un coté, le Talmud redige en hebreu, l'autorite des rabbins, la condition de minorite religieuse dispersee (diaspora) à Babylone comme à Alexandrie d'Egypte. De l'autre, les Evangiles, la « Bonne Nouvelle » redigée en grec, la clandestinite parfois, et à partir du regne de l'empereur Constantin (306-337) l'institutionnalisation par la cooperation avec le pouvoir.

Entre 165 et 180, l'Empire romain subit la « peste » antonine, une epidemie (probablement de variole) qui preleve entre le dixieme et le quart de sa population. L'Empire chinois experimente au meme moment un evenement similaire. Le dense reseau d'echanges du Vieux Monde semble responsable de ce desastre, les marchands et les armees ayant diffusé moult infections au-dela des frontieres. En l'absence de sources, il est difficile de savoir a quel point ces maladies affectent le Moyen-Orient, l'Inde ou l'Afrique subsaharienne. Mais elles contribuent à saper les empires de Rome et de Chine.

Extension des religions indiennes

En Inde, c'est ≈ - 267 que le troisieme empereur de la dynastie Maurya, Ashoka, monte sur le trone. L'Inde est unifiee pour la premiere fois. Ashoka se convertit au bouddhisme, imposant la legende doree d'un conquerant saisi de compassion apres d'innombrables massacres, desireux de propager le message du Bouddha pour soulager les souffrances de ce monde. Il fait surtout du bouddhisme une ideologie d'Etat. Bien avant Constantin, ce pragmatique organise un concile dans sa capitale Pataliputra (auj. Patna) afin d'imposer une orthodoxie au bouddhisme, ce qui porte en germe une premiere grande scission de cette religion, entre reformateurs du grand vehicule et partisans du vehicule des anciens. Il fonde des institutions charitables, defend le végétarisme et l'abandon des sacrifices, interdit la chasse et prescrit les pelerinages, fait batir des dizaines de milliers de *stûpa* (monuments abritant des reliques), envoie des ambassades proselytes a tous les rois greco-asiatiques, jusqu'en Egypte et Macedoine.

Il transforme par son patronage le bouddhisme de deux facons : il impose les canons de l'art grec et perse a une religion qui interdisait les representations realistes (statues, images...)
– desormais Bouddha, revetu d'une toge grecque aux plis caracteristiques, connaitra des myriades de figurations ; il donne au bouddhisme les moyens d'une expansion panasiatique.
Dans les siecles qui suivent, l'essentiel de l'Asie du Sud-Est se convertit à l'une des deux religions indiennes en competition : le bouddhisme et l'hindouisme. La prosperité indienne n'est pas etrangere à cet attrait, car ce sont les marchands, davantage que les missions religieuses sponsorisees par l'Etat, qui semblent diffuser ces cultes. L'Inde produit pour l'exportation du riz et surtout des cotonnades en grandes quantites, des epices, des pierres precieuses et des elephants – ceux-ci renforcent les armees d'Asie occidentale. Mais l'Empire maurya ne sera pas en mesure d'imposer un etalon monetaire, en depit des quantites d'or qu'il parvient à drainer par le commerce.

La taille de l'Empire, desorganise chaque annee par les pluies de la mousson, conduit à une decentralisation. A la mort d'Ashoka en - 232, les roitelets locaux prennent rapidement le pouvoir, conservent les recettes fiscales, legiferent localement, privilegient parfois le brahmanisme au detriment du bouddhisme – comme la dynastie des Shunga, qui renverse le dernier des Maurya en - 187. Les cites portuaires et les armateurs prives prosperent, sous tutelle des pouvoirs locaux. Dans le port de Barygaza (auj. Bharuch), les marchands thesaurisent les monnaies romaines. L'Empire romain, articule autour de la Mediterranee, est innerve par ses liaisons maritimes, toujours plus rentables que les voies terrestres. Un bateau est en mesure de deplacer, a investissement egal, des charges dix fois superieures à celles d'une caravane de betes de somme ou de chariots.

La mer toujours favorise le commerce et le deplacement des armees. Mais la construction imperiale induit des mouvements de population, des concentrations de soldats en peripherie, des deplacements de richesse. Progressivement, la partie orientale de la Mediterranee devient economiquement plus importante et plus dynamique que l'occidentale. Dans la Chine des Han, la population est alors concentree au nord. Les canaux et la mer de Chine y jouent le meme role centralisateur que la Mediterranee dans l'Empire romain.

Les cavaliers d'Iran

L'Etat parthe, sous la dynastie des Arsacides (≈ - 247/224), joue un role critique en Iran. Il systematise l'utilisation d'une cavalerie lourde, de cataphractaires, en armure pour se proteger des fleches, capables de charger a la lance, de tirer a l'arc, de lancer des javelots ou d'engager le corps a corps. Ces guerriers polyvalents leur permettent de tenir les nomades à distance, et d'ecraser les legions romaines à la bataille de Carrhes, en - 53. Les nomades, en expansion ou en fuite devant les Xiongnu, semblent amenes à s'en prendre a d'autres adversaires, pour leur part retranches derriere des barrieres symboliques : le *limes* de Rome, la Grande Muraille de Chine. Mais l'aristocratie equestre qui emerge se montre souvent rebelle. Les rois arsacides voient finalement leur pouvoir se desintegrer au profit de la dynastie des Sassanides. Pousses par la confederation rivale des Xianbei, les Xiongnu achevent en 220 l'Empire chinois des Han. Les Huns et les peuples qu'ils deplacent devant eux accentuent la pression aux frontieres de l'Empire romain, en situation difficile depuis l'epidemie de 165-180, vers 450.

Le declin des Empires romains et chinois entraine une baisse de la population mondiale. Et pourtant, les transports par terre et par mer tissent des liens de plus en plus forts à travers l'Eufrasie. Ces interactions entrainent des changements, des variations de richesse et de pouvoir qui amenent l'Inde et le Moyen-Orient a des niveaux inedits de prosperite et d'influence.

APPOLONIUS de Perge
Serait né à Perge autour de 240 avant J.-C.

Disciple d'Euclide et d'Archimède, Apollonius fut mathématicien, physicien et astronome.

Fut avant tout un très grand mathématicien, dont l'oeuvre majeure reste son ouvrage sur les coniques. En astronomie, il fut le premier à remettre en cause le système de sphères emboîtées d'Aristote.
Il introduisit la notion de cercle excentrique, dont le centre est décalé par rapport à la Terre, et de cercles épicycles.

En combinant ces épicycles et ces excentriques, il est possible de reproduire le mouvement de la Lune, du Soleil et des planètes (tous ces mouvements restant bien entendu centrés sur la Terre). Cependant, nous ne savons pas si Appolonius alla au delà de ce concept et proposa effectivement un modèle géométrique des mouvements planétaires.

Apollonios de Perga ou **Apollonius de Perge** était un géomètre et astronome grec. Il serait originaire de Pergé (ou Perga, ou encore Pergè actuelle Aksu en Turquie). Il est considéré comme l'une des grandes figures des mathématiques hellénistiques. Il enseigna à Alexandrie.

Une anecdote sur Apollonios raconte qu'il a été est atteint d'une véritable fièvre isopséphique, donnant une méthode pour calculer la valeur d'un vers d'Homère non pas seulement en additionnant les lettres qui le composent mais en les multipliant. L'**isopséphie** repose sur le principe selon lequel les nombres, dans certaines langues, sont exprimés par des lettres. « J'aime celle dont le nombre est 545. », écrit par exemple, en grec, un graffitiste amoureux de Pompéi.

L'exemple le plus ancien remonte aux cunéiformes de la langue assyrienne à l'époque de Sargon, dont la valeur numérique du nom aurait correspondu, selon une inscription, au nouveau rempart de Khorsabad, "pour faire proclamer son nom". Au Ier siècle de notre ère, Léonidas d'Alexandrie est un spécialiste du genre, écrivant des quatrains dont les vers sont de« valeur numérique équivalente ».

Artémidore de Daldis, son contemporain, donne diverses équivalences numériques utiles à l'interprétation des rêves dans son unique livre, l'*Ornitocriticon*. Le latin Suétone rapporte le triste souvenir laissé par Néron, dont le nom en grec (1005) équivaut, dans cette langue, à « il a tué sa propre mère » (1005). Aulu-Gelle parle d'un livre qu'il a reçu dans lequel il est question des vers « isopsèphes » de l'*Iliade* et de l'*Odyssée.*

Citons enfin l'Anthologie palatine qui fait un jeu de mot sur le tyran *Damagoras* et la *peste* : ils ont le "même nombre" mais le premier est plus dur à supporter que la seconde. Jérôme de Stridon, au IVe-Ve s, reproche au gnostique Basilide de vénérer Abrasax comme un dieu parce que la valeur de ce nom équivaut à 365 comme les jours de l'année. Le procédé est assez bien attesté dans l'épigraphie chrétienne. Dans un article qui fait le point de la question, on a montré que des inscriptions (dans au moins deux églises palestino-byzantines) sont aussi bâties sur le procédé de l'isopséphie réduite dont nous allons reparler plus loin.

La guématrie est l'une des trente-deux règles que les Sages d'Israël, selon une liste traditionnelle, utilisent pour interpréter la Torah. Elle est particulièrement répandue parmi les kabbalistes. Ces principes ont généralement pour but de relier deux passages bibliques pour les interpréter l'un par l'autre. La guématrie, en particulier, consiste à lire le mot comme un chiffre, et ce chiffre comme faisant allusion à quelque chose de bien précis qui n'apparaît pas au premier regard dans le texte, ou réciproquement.

La tradition qabbalistique connaît plusieurs systèmes d'équivalence entre les chiffres et les lettres. Moïse Cordovero, en 1548, en cite neuf. L'une d'elles est le « nombre petit », consistant à ramener à un nombre de 1 à 9 la valeur numérique d'un groupe de lettres. La tradition grecque atteste ce système à une époque relativement ancienne. Apollonios est célèbre pour ses écrits sur les sections coniques.

C'est aussi lui qui donna à l'ellipse, à la parabole, et à l'hyperbole les noms que nous leur connaissons. On lui attribue en outre l'hypothèse des orbites excentriques pour expliquer le mouvement apparent des planètes et la variation de vitesse de la Lune.

Vitruve indique que l'araignée (l'astrolabe plan) aurait été inventée par Eudoxe de Cnide ou Apollonios. Pappus d'Alexandrie a donné des indications sur une série d'ouvrages d'Apollonios perdus qui permirent la déduction de leurs contenus par les géomètres de la Renaissance. Sa méthode novatrice et sa terminologie, spécialement dans le domaine des coniques, a influencé plusieurs mathématiciens postérieurs dont François Viète, Kepler, Isaac Newton et René Descartes.

Ces travaux en font « avec Archimède et Euclide, ses prédécesseurs, l'une des trois figures les plus éminentes de l'âge d'or de la mathématique hellénistique ».
Les *Coniques* ou *Éléments des coniques* consistent en un ensemble de huit livres dus à Apollonios. Les quatre premiers nous sont parvenus en grec, avec les commentaires d'Eutocios.

Les livres V à VII ne nous sont connus, accompagnés des livres I-IV, que dans une traduction arabe due à Thābit ibn Qurra et revue par Nasir ad-Din at-Tusi ; le livre VIII a disparu. L'ensemble de cet ouvrage, avec une reconstitution du huitième livre, a été publié par Edmund Halley en 1710. Celui-ci a, de plus, traduit de l'arabe en 1706 deux autres ouvrages d'Apollonios : *De rationis sectione*. Outre les *Coniques*, Pappus mentionne plusieurs autres traités d'Apollonios.

Une copie arabe de *La Section de rapport* fut retrouvée à la fin du XVIIe siècle par Edward Bernard à la bibliothèque Bodléienne. Bien qu'il eût commencé la traduction de ce document, ce fut Halley qui la mena à terme, et qui la publia en 1706 avec sa reconstitution du *De spatii sectione*.

CATON **l'Ancien**.

Né en −234 dans le municipe de Tusculum **et mort en -149**

Marcus Porcius Cato, dit **Caton l'Ancien** (Cato Maior) ou **Caton** le Censeur (Cato Censorius) par opposition à son arrière-petit-fils, Marcus Porcius Cato dit « **Caton** le Jeune » ou d'Utique, est un homme politique et un écrivain romain.

Militaire, il combat les Carthaginois, pendant la deuxième guerre punique, de 217 à 207 av. J.-C. ; il participe notamment à la bataille décisive du Métaure, où meurt Hasdrubal. Proconsul de l'Hispanie citérieure, il dirige ses troupes avec habileté et dynamisme pour subjuguer les insurgés espagnols avec dureté. En 191 av. J.-C., il intervient comme tribun militaire dans la campagne de Grèce contre l'empire séleucided'Antiochos III Mégas et participe de façon décisive à la bataille des Thermopyles, qui marque la chute des Séleucides.

Censeur, Caton se distingue par sa défense conservatrice des traditions romaines, en opposition au luxe du courant hellénistique[1]. Comme censeur, il s'oppose à Scipion l'Africain. Comme sénateur, Caton est le principal promoteur de la guerre contre Carthage.

On considère Caton comme le premier prosateur latin d'importance et il est le premier auteur d'une histoire complète de l'Italie en latin. Son traité agricole, *De agricultura* (*A propos de l'agriculture*), est son seul ouvrage qui nous soit parvenu en entier.

Vers – 217 Achèvement de la Grande Muraille de Chine

La **Grande Muraille**, aussi appelé « Les Grandes Murailles » est un ensemble de fortifications militaires chinoises construites, détruites et reconstruites en plusieurs fois et à plusieurs endroits entre le IIIe siècle av. J.-C. et le XVIIe siècle pour marquer et défendre la frontière nord de la Chine. C'est la structure architecturale la plus importante jamais construite par l'Homme à la fois en longueur, en surface et en masse.

Dès les premières constructions de la Grande Muraille, les murailles du nord de la Chine étaient faites de briques et de pierres. Il s'agit généralement, au début, d'amoncellements de terre battue et de roches. Puis, lors de sa reconstruction et de son expansion sous la dynastie des Ming, la Grande Muraille de Chine prend une allure plus solide par l'emploi systématique des briques et pierres.

Les briques pouvaient être fabriquées de façon artisanale à l'aide de fours. « Une découverte archéologique récente à Qinhuangdao a mis au jour 51 fours à briques qui ont servi à la confection des briques grises de la grande muraille. Les fours de 3,5 mètres de diamètre sont de trois types différents. » Des fours furent ainsi construits de façon locale tout au long d'endroits particulièrement difficiles d'accès. « L'eau versée dans un creux au sommet du four provoque le glaçage des céramiques. »

Populairement, on désigne sous le nom de « Grande Muraille » la partie construite durant la dynastie Ming qui part de Shanhaiguan sur le territoire de la ville de Qinhuangdao dans la province du Hebei à l'est pour arriver à Jiayuguan dans la province du Gansu à l'ouest. Ce surnom peut cependant être pris dans son sens littéral par approximation, 6 700 km faisant 11 632 li dans sa valeur généralement considérée de 576 m ou 13 400 li dans sa valeur actuelle d'exactement 500 m.

En moyenne, la muraille mesure 6 à 7 m de hauteur, et 4 à 5 m de largeur. L'Administration d'État chargée du patrimoine culturel, ayant utilisé des technologies de mesure plus récentes, révise cette mesure et déclare une longueur de 8 851,8 km dont 6 259,6 km de murs, 359,7 km de tranchées et 2 232,5 km de barrières naturelles, telles des montagnes ou des rivières.

Le même service a publié en juin 2012 une mise à jour de son étude, et estime désormais à 21 196,18 km la longueur totale de la Grande Muraille. Cette nouvelle estimation prend en compte des parties actuellement détruites.
Depuis 1987, la Grande Muraille est classée au patrimoine mondial de l'UNESCO .

En - 202, Rome devient la première puissance de Méditerranée.
Scipion attaque Carthage sur les terres africaines. Il est victorieux contre Carthage, face à Hannibal, à Zama (Tunisie). Les conditions de paix sont très dures pour Carthage qui doit renoncer à l'Espagne. Les alliés numides de Carthage passent sous la tutelle de Rome. Main mise de Rome sur l'Afrique.

HIPPARQUE de Nicée,

Né à Nicée vers 194 avant J.C. et mort à Rhodes vers **120 avant J.C.**

Peut-être le plus grand astronome de l'Antiquité.

Hipparque fut avant tout un grand observateur.

Il réalisa ainsi une cartographie du ciel recensant environ un millier d'étoiles, avec une précision de mesure remarquable d'environ 20 minutes d'arc. En reprenant des archives Babyloniennes et en les comparant à ses propres mesures, Hipparque mis en évidence le phénomène de précession des équinoxes, qu'il estima être de 36 secondes d'arc par an (la vraie valeur est de 50 secondes). Hipparque calcula également assez précisément la longueur de l'année tropique : 365 jours 5 heures 55 minutes 12 secondes (la vraie valeur était 365 jours 5 heures 48 minutes 46 secondes). Il construisit par ailleurs un modèle géométrique du mouvement du Soleil pour rendre compte de l'inégalité des saisons, modèle tranchant radicalement avec les sphères emboîtées d'Eudoxe ou Aristote.

Dans ce modèle, conforme aux conceptions mathématiques d'Appolonius, le Soleil tourne autour sur un cercle dont le centre n'est plus la Terre mais un point fictif décalé par rapport à celle-ci (ce cercle excentrique est en fait une manière de rendre compte de l'ellipticité de l'orbite de la Terre autour du Soleil). Célébré par Ptolémée, qui disposait de ses textes, et bien connu dans l'Antiquité où il est cité par divers auteurs, il tombe dans l'oubli au Moyen Âge en Occident : dans les traductions médiévales arabes des textes de Ptolémée, son nom prend la forme d'*Abrachir*, et Gérard de Crémone, qui retraduit en latin l'*Almageste* à partir de l'arabe au XIIe siècle, conserve ce nom, faute d'avoir pu l'identifier. Il y a une forte probabilité qu'Hipparque soit né à Nicée (actuelle İznik), en Bithynie, un ancien royaume au nord-ouest de l'Asie Mineure, actuellement en Turquie.

Hipparque est reconnu comme le premier mathématicien à avoir disposé de tables trigonométriques, utiles pour calculer l'excentricité des orbites lunaire et solaire, ou dans les calculs des grandeurs et distances du Soleil et de la lune.

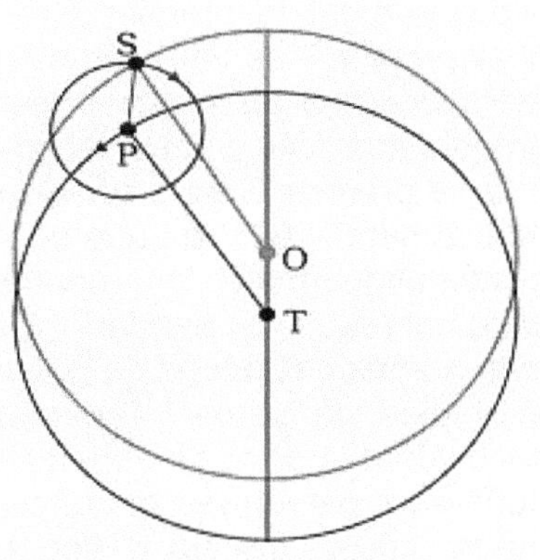

Toutefois, il n'est pas possible d'affirmer à coup sûr qu'il en est l'initiateur, bien que Ptolémée soit de cet avis. Les historiens s'accordent en général pour désigner Hipparque comme le premier rédacteur de telles tables.

Mais si les uns présentent volontiers Hipparque comme l'inventeur de la trigonométrie, d'autres considèrent qu'il s'est borné, en la matière, à présenter de manière pratique des connaissances déjà acquises de longue date. Quoi qu'il en soit, ces tables donnent la longueur de la corde pour des rayons ou des angles au centre donné (avec une division du cercle en 360°). En tout cas, son ouvrage « De l'étude des droites dans le cercle » ne comportait pas moins de 12 livres et constituait donc très certainement une œuvre majeure.

Il est donc raisonnable de penser qu'Hipparque, s'il n'est pas certain qu'il ait inventé la trigonométrie, l'a tout au moins fait progresser de manière importante. Pour sa table des cordes, il disposait d'une meilleure approximation de π que celle d'Archimède, peut-être déjà 3,8:30 (en sexagésimal, soit 3,14166667...), valeur utilisée par Ptolémée. Mais, une fois encore, on ignore s'il calcula cette valeur lui-même.

On lui attribue également la démonstration du caractère conforme de la projection stéréographique, utilisée pour la construction de l'astrolabe et pour l'établissement de cartes géographiques à grande échelle. Hipparque fut le premier Grec à utiliser des techniques arithmétiques chaldéennes, ce qui étendit les techniques disponibles pour les astronomes et les géographes. Hipparque est considéré comme le plus grand astronome d'observation de l'Antiquité.
Il fut le premier Grec à développer des modèles quantitatifs et précis du mouvement de la Lune et du Soleil. Pour ce faire, il utilisa systématiquement les connaissances et surtout les observations accumulées pendant des siècles par les astronomes chaldéens de Babylone. Les premières observations utilisables de ceux-ci remontaient au règne de Nabonasar (-747) et constituent le point de départ des tables astronomiques de Ptolémée, qui nous sont parvenues et qui se basaient, comme ce dernier l'affirme lui-même, sur les travaux d'Hipparque. Ptolémée est postérieur à Hipparque d'environ trois siècles.

Sa synthèse de l'astronomie surpasse sans aucun doute les travaux de son prédécesseur, mais on ne sait pas précisément à quel point, puisque la plus grande partie des écrits d'Hipparque est perdue. Mouvement du Soleil selon la théorie des épicycles. La Terre (T) est au centre du déférent ; P est le centre de l'épicycle du Soleil (S). En rouge, la résultante. Elle constitue en tout cas une source particulièrement intéressante et peu suspecte : Ptolémée savait de quoi il parlait et il n'avait aucun intérêt à exagérer les mérites d'Hipparque.

La majeure partie des œuvres d'Hipparque concerne cette problématique. Certains spécialistes attribuent à Hipparque *la machine d'Anticythère*, un appareil astronomique à engrenages (une trentaine, en bronze) d'une complexité stupéfiante pour l'époque, susceptible de déterminer la position des astres, basée sur les 365 jours du calendrier égyptien et le cycle de Méton. Son nom provient de l'île grecque Anticythère au sud-est du Péloponnèse où la machine fut trouvée dans une épave d'une galère romaine (découverte en 1900) et récupérée par l'équipe du commandant Cousteau (célèbre océanographe français, 1910-1997) en 1976.

D'autres l'attribuent à Archimède mais les connaissances trigonométriques liées à son usage penchent en faveur d'Hipparque. Il fut probablement le premier à développer une méthode fiable permettant de prédire les éclipses lunaires et même solaires. De tels calculs sont extrêmement complexes. Ils supposent une connaissance détaillée des mouvements des astres concernés, et notamment de disposer des éléments suivants :
Une bonne connaissance de l'orbite solaire, y compris son excentricité.

Une approximation des vitesses de déplacement du soleil (déplacement du soleil sur son épicycle et du centre de celui-ci sur le déférent).

Comme tous les astronomes anciens, en pensant calculer les paramètres du mouvement solaire, il calculait en réalité ceux du mouvement terrestre, puisque la Terre tourne autour du Soleil et non l'inverse.
Une bonne connaissance de l'orbite lunaire avec son excentricité et les variations de la position de la lune en latitude par rapport à l'écliptique.
La connaissance assez précise de la durée des lunaisons.
La reconnaissance de l'*anomalie lunaire* et la mesure de son amplitude.
Une approximation de la circonférence terrestre, ou tout au moins des écarts en longitude et latitude de certains points du monde connu d'alors, appelés « climats ».

En effet, les calculs sont toujours réalisés sur les centres des astres et de la terre. Lors d'une éclipse solaire, la terre, la lune et le soleil ont beau être alignés, l'observateur ne voit l'éclipse que s'il se trouve à un endroit très proche du même alignement, ce qui n'est jamais le cas dans le cadre grec, le soleil n'y étant jamais au zénith.
Il est donc nécessaire de calculer des parallaxes dépendant des coordonnées du lieu d'observation.

On ignore s'il put effectivement réaliser des calculs d'éclipses. La méthode en tout cas est à mettre à son crédit. En se basant essentiellement sur des indications de Ptolémée et de Pappus, plusieurs historiens des sciences se sont attachés à reconstituer la démarche d'Hipparque dans ce domaine. Il en ressort que celui-ci, mettant en œuvre deux méthodes différentes, toutes deux ingénieuses et sophistiquées, est parvenu à des résultats remarquables dans l'évaluation de la distance Terre-Lune : il place en effet cette distance dans une « fourchette » allant de 62 à 77 rayons terrestres. À l'inverse, sa distance Terre-Soleil est considérablement sous-estimée, bien que sa méthode soit assez correcte. Ces calculs supposent inévitablement des connaissances trigonométriques relativement fines. Hipparque a réalisé la compilation d'un catalogue d'étoiles faisant suite à celui deTimocharis d'Alexandrie.

C'est en confrontant ce catalogue, vieux de plus d'un siècle, à ses propres observations qu'il découvrit la précession des équinoxes. Il estima celle-ci à « au moins 1° par siècle ». Il est bien attesté qu'Hipparque utilisa divers instruments d'observation comme le gnomon, bâton de visée ou générateur d'ombre ou le scaphé, sorte de cadran solaire portable, ou encore l'anneau équatorial. Ptolémée indique que, comme Hipparque, il employait un dioptre pour mesurer les diamètres apparents du Soleil et de la Lune.
Il s'agissait d'une tige, munie d'un trou d'observation à une extrémité et d'un cache qui pouvait être déplacé le long de la tige.

La mesure était lue lorsque le cache obscurcissait entièrement l'astre visé. Plusieurs de ces instruments existaient certainement avant lui et certains sont d'origine chaldéenne. Mais on lui attribue généralement l'invention de l'astrolabe, qui sera utilisé, sous diverses formes, durant des siècles, jusqu'à l'invention de la boussole et du sextant.

Hipparque a également produit un ouvrage intitulé *Du déplacement des objets vers le bas en raison de leur poids*. Quelques indications en sont données par Simplicius, mais trop peu pour confirmer l'hypothèse qu'il avait entrevu une théorie newtonienne de la gravitation, idée cependant bien tentante au sujet d'un homme qui s'est essentiellement consacré à l'astronomie.

154 avant J.C, Début de l'intervention romaine en Gaule.

Les raisons qui ont poussé les Romains à la conquête de la Gaule sont multiples : pour le Sud de la Gaule, ils sont poussés d'une part par la rancune tenace qu'ils conservent à l'encontre des Gaulois pour leur attitude lors de la traversée d'Hannibal qui s'élançait vers l'Italie ; d'autre part ils ont besoin d'une route sûre vers l'Espagne.

Plus tard, alors même qu'ils ont conquis la *Provincia*, des Cimbres et des Teutons traversent la Gaule et la ravagent : c'est le signe que cette région n'est pas sans dangers pour Rome. Les Allobroges, enfin, qui ont été vaincus par les armées romaines presque un siècle auparavant, sont accusés de collusion avec Catilina : les Romains restent donc méfiants envers ces populations si « agitées ».

En 154, le consul Q. Opimius doit intervenir contre les Ligures, les Oxybiens et les Déciates pour libérer Antibes et Nice, colonies de Marseille. En 125, c'est Marseille elle-même qui est menacée par une coalition celto-ligure qui se réunit autour de l'*oppidum* d'Entremont. Les Romains franchissent les Alpes en 125, puis en 124 pour attaquer les Voconces et les Salyens.

Entremont est détruite en 123 : les Romains avaient dû utiliser des machines de siège. Au lieu de se retirer simplement en laissant les territoires à Marseille, les Romains fondent *Aquae Sextiae* qui leur permet de surveiller les routes commerciales.

C'est le début d'une présence importante des Romains en Gaule. Ils vont encore se heurter aux Allobroges chez qui se sont réfugiés des chefs salyens, et qui, eux-mêmes, sont soutenus par les Arvernes. Les Romains font donc alliance avec les Éduens, alors ennemis des Arvernes. Les Éduens sont déclarés « *frères et consanguins du peuple Romain* ».

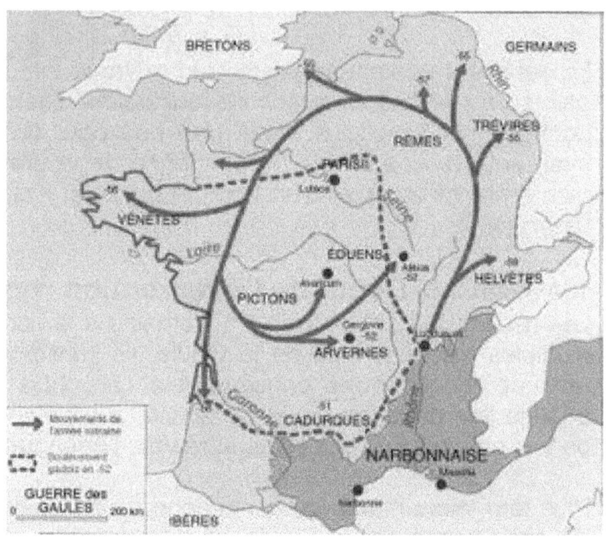

En 122, **Gnaeus Domitius Ahenobarbus** franchit les Alpes et écrase les Allobroges.
Le peuple arverne, sous la conduite de Bituitos, entre alors dans le conflit, mais il est battu en 121 par Q. Fabius Maximus secondé par Domitius. Les deux chefs établissent le pouvoir de Rome sur tout le Sud de la Gaule, joignant les Pyrénées aux Alpes. Marseille reste indépendante.

En 118, Domitius créa la *Colonia Narbo Martius*,
Première colonie romaine en dehors de l'Italie. Les habitants étaient citoyens romains. C'est alors que fut entreprise la *Via Domitia*, route qui suivait le vieil itinéraire appelé « voie héracléenne ».

- 116-27 Traité d'agriculture de Varron.
Adoption du soufflet pour les fours métallurgiques dans les territoires romains. En Italie, multiplication de l'outillage, apparition du rabot, de la scie à cadre, des ciseaux à pivot, de la vrille, de la fraise, du vilebrequin, des limes, du soufflet à déplacement angulaire

Apparition du verre soufflé

25 septembre 111 av. J.-C. (1er janvier 644 du calendrier romain) : début à Rome du consulat de Spurius Postumius Albinus et Marcus Minucius Rufus.

Le consul Minucius Rufus est envoyé combattre les Scordisques en Macédoine.

Massiva, un cousin de Jugurtha, soutenu par le parti populaire et le consul Spurius Postumius Albinus, réclame auprès du Sénat la couronne de Numidie. Il est assassiné. Les soupçons se portent sur Jugurtha et le Sénat lui ordonne de quitter la ville. Il lance avant de partir : *« Ville à vendre ! Tu périras si tu trouves quelqu'un pour t'acheter »*.

Vers 110 av. J.-C. : début du règne de Bocchus, roi de Maurétanie (fin en 80 av. J.-C.)

**En 104 avant J.C, Est promulgué le calendrier « *Taichu* »,
Premier véritable calendrier chinois.**

En mathématiques, les chinois inventent, vers le IIe siècle av. J.-C., la numération à bâtons. Il s'agit d'une notation positionnelle à base 10 comportant dix-huit symboles, avec un vide pour représenter le zéro, c'est-à-dire la dizaine, centaine, etc. dans ce système de numérotation.

Vers –103 *Canal de Marius* entre Arles et Fos
Apparition du lapin en Italie. Différenciation des races de gallinacés. Incubation artificielle.
Apparition du canard domestique.

Vers -100 Aqueduc de Pergame avec deux siphons.

MARCUS VITRUVIUS POLLIO, connu sous le nom de **Vitruve**.
Il vécut au Ier siècle av. J.-C. (On situe sa naissance aux alentours de 90 av. J.-C. et sa mort vers 20 av. J.-C.).

Architecte romain

Son prénom Marcus et son surnom (cognomen) Polio sont eux-mêmes incertains. C'est de son traité, *De Architectura*, que nous vient l'essentiel des connaissances sur les techniques de construction de l'Antiquité classique. Principalement connu pour ses écrits, Vitruve était lui-même architecte.
Dans l'Antiquité romaine, l'architecture était entendue comme un vaste domaine qui comprenait la gestion de la construction, le génie civil, le génie chimique, la construction, le génie des matériaux, le génie mécanique, le génie militaire et la planification urbaine.

Frontin mentionne Vitruve dans le cadre de la standardisation de la taille des tuyaux. Le seul bâtiment, cependant, que nous savons être attribué à Vitruve est une basilique achevée en 19 av. J.-C.. Elle a été construite à Fanum Fortunae, aujourd'hui la ville moderne de Fano.

L'homme vitruvien de Léonard de Vinci.

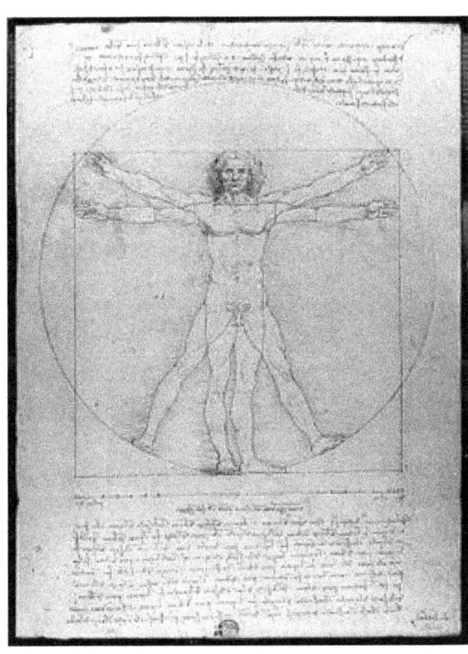

La basilique de Fano a disparu totalement, si bien que son site même est encore incertain malgré plusieurs tentatives de localisation.
La pratique chrétienne de la conversion de basiliques romaines (qui étaient des bâtiments publics) en lieu de culte, suggère que la basilique a pu être intégrée à l'actuelle cathédrale de Fano. Léonard de Vinci en a fait une œuvre de cet architecte, car pour lui ceci méritait d'être exposé et non ignoré.

Vers 87 – 60 avant J.C.
La Machine d'ANCYTHERE,

Appelée également **mécanisme d'Anticythère**, est considérée comme le premier calculateur analogique antique permettant de calculer des positions astronomiques. C'est un mécanisme de bronze comprenant des dizaines de roues dentées, solidaires et disposées sur plusieurs plans. Il est garni de nombreuses inscriptions grecques. On ne connaît de la machine d'Anticythère qu'un unique exemplaire, dont les fragments ont été trouvés en 1901 dans une épave, près des côtes de l'île grecque d'Anticythère, entre Cythère et la Crète.

Le fragment principal de la machine d'Anticythère, un mécanisme à engrenages capable de calculer la date et l'heure des éclipses solaires et lunaires. L'épave était celle d'une galère romaine, longue d'une trentaine de mètres, qui a été datée d'avant 87 av. J.-C. La machine d'Anticythère est le plus vieux mécanisme à engrenages connu.

Ses fragments sont conservés au musée national archéologique d'Athènes. Faute d'indices plus complets, les premières études avaient assimilé l'âge du mécanisme à la date du naufrage du navire, soit entre 87 et 60 av. J.-C.

Cette date de -87 correspond historiquement à l'époque hellénistique, avec la présence de la dynastie des Lagides en Égypte antique, qui aurait repris le savoir des anciens Égyptiens et ce, notamment grâce au zodiaque de Denderah. À l'époque de la période hellène existaient de nombreux échanges entre la Grèce et l'Égypte antique.

Il est donc possible, selon l'astro-physicien et astronome Denis Savoie, que la machine d'Anticythère se soit retrouvée dans les fonds marins des côtes grecques, à la suite du naufrage d'un navire provenant d'Alexandrie, en Égypte. En effet, toujours selon Denis Savoie, aucun des grands astronomes antiques grecs ne nous a laissé le moindre écrit direct tendant à prouver qu'il existait réellement un savoir astronomique grec aussi avancé pour construire la machine d'Anticythère.

Cependant, par la suite, une estimation du mécanisme a été proposée entre la fin du IIIe et la moitié du IIe siècle av. J.-C. Les études les plus récentes ont été menées en 2014 par deux chercheurs, l'un argentin, Christian Carman, historien des sciences à l'Université de Quilmès, et l'autre américain, le docteur James Evans, professeur à l'Université Puget Sound de l'état de Washington. Ces études proposent, elles aussi, une datation assez ancienne, fondée sur la forme des lettres grecques de l'inscription figurant au dos de la machine d'Anticythère, et concluent à une fabrication du mécanisme datée entre 100 et 150 av. J.-C. Mais le fait nouveau, selon l'estimation de ces chercheurs, est que le calendrier du mécanisme d'Anticythère aurait été connu dès 205 av. J.-C., c'est-à-dire sept ans seulement après la mort d'Archimède.

L'identité du concepteur est débattue. Il pourrait s'agir de l'une des personnes suivantes :
Archimède de Syracuse (-287 à -212), père de la mécanique statique.
Un disciple d'Archimède, évoqué par Cicéron ;
Hipparque de Nicée (-190 à -120), fondateur de la trigonométrie ;
Posidonios de Rhodes (-135 à -51), selon les indications de son ami Cicéron. Le lieu de conception pourrait avoir été soit Rhodes, car l'astronome Hipparque et le savant Posidonios y vivaient, et cette île était un centre intellectuel très important à l'époque, notamment dans le domaine astronomique ; soit Syracuse, car c'est à Syracuse que vivait Archimède dont des témoignages laissent penser qu'il avait réalisé (ou fait réaliser) au moins deux autres mécanismes de bronze ayant des

fonctions comparables. Peu avant Pâques 1900, deux caïques de pêcheurs d'éponge grecs font escale sur la côte nord-est d'Anticythère, devant s'y abriter à cause d'une tempête au large. Le 4 avril 1900, profitant d'une accalmie, l'un des plongeurs, remonte et raconte qu'il a vu des hommes nus et des chevaux : il vient de découvrir par hasard l'épave antique gisant par 62 mètres de fond environ.

Il en remonte un objet de la cargaison, la main d'une statue en bronze — elle appartient à la statue dite du Philosophe. Les pêcheurs ne modifient pas leurs plans pour autant, et ce n'est qu'au retour, à l'automne, qu'ils avertissent les autorités grecques — plutôt que le gouvernement ottoman dont Symi dépend à l'époque — par patriotisme hellénique.
Le gouvernement grec dépêche aussitôt sur place des navires de sa marine de guerre, le 24 novembre 1900. Les opérations de renflouement de l'épave durent jusqu'en septembre 1901, et se soldent par la mort accidentelle d'un pêcheur et la paralysie de deux autres, frappés par le mal des profondeurs.

De nombreuses statues et statuettes en bronze et en marbre en sont retirées, dont la plus célèbre est un éphèbe, dit éphèbe d'Anticythère. On considère que la découverte de la machine à proprement parler date du 17 mai 1902 quand l'archéologue Valerios Stais s'aperçoit qu'un agglomérat rapporté du site recèle des inscriptions et des engrenages incrustés. Un examen révèle qu'il s'agit d'un mécanisme oxydé, dont il reste trois morceaux importants et 82 fragments plus petits. En 1976, la Calypso est sur place et l'équipe du commandant Cousteau explore l'épave. Elle y découvre 36 pièces d'argent et quelques pièces de bronze frappées à Éphèse et Pergame, qui ont permis de préciser la date du naufrage et la provenance probable du navire : en -86, l'armée romaine reconquiert la Grèce et met la ville de Pergame à sac. Le navire, à destination de Rome, aurait sombré lors d'une tempête.

On retrouve également dans l'épave des amphores provenant de Rhodes et de l'île de Kos, qui ont pu être datées de la même époque que celle des pièces, ainsi que des verreries et de nombreuses sculptures de bronze et pierre, évoquant un butin. Le soin et l'adresse avec lesquels cette machine fut réalisée, ainsi que les capacités nécessaires en mécanique et en astronomie remettent en question les connaissances historiques sur les sciences grecques.

En effet, aucun objet de même âge et de même complexité n'était connu dans le monde et il faut attendre près d'un millénaire pour voir apparaître des mécanismes comparables. Derek J. de Solla Price, physicien et historien des sciences à l'université Yale, confirma l'hypothèse de Rehm. En utilisant le procédé de désoxydation électrolytique et des radiographies aux rayons X, il étudia le disque et fit apparaître un dispositif extrêmement complexe, comprenant, outre la vingtaine de roues dentées déjà répertoriées, des axes, des tambours, des aiguilles mobiles et trois cadrans gravés d'inscriptions et de signes astronomiques. En 1959, il publia un article préliminaire. Selon Price, la machine fonctionnait à l'aide d'une manivelle et permettait de répondre à des questions d'ordre astronomique.

Price découvrit en particulier que l'un des mécanismes correspondait à un cycle lunaire ancien utilisé à Babylone. Par la suite, Allan Bromley et Michael Wright firent des études plus approfondies et corrigèrent certaines erreurs de la reconstruction de Price. Comme il est impossible de démonter le mécanisme fortement corrodé sans l'endommager gravement et que les moyens d'étude classiques, tel que la radiographie, s'avéraient inadaptés, toute nouvelle étude du disque fut bloquée ; en 2000, l'astronome Mike Edmunds de l'université de Cardiff et le mathématicien Tony Freeth eurent l'idée d'utiliser un scanner à rayons X. Il est désormais certain qu'il s'agissait d'un calculateur analogique qui décrivait les mouvements solaire et lunaire, sans que l'on puisse à proprement parler d'horloge astronomique car le mécanisme était actionné par une manivelle.

Elle servait également à prévoir les éclipses et aurait pu aussi servir à prédire les mouvements de certaines planètes. D'autre part, la forme des caractères, comparée à celles d'autres inscriptions de la même époque,

conduit les experts à dater la pièce de la fin du IIe siècle avant notre ère. Cicéron évoque deux machines semblables (un planétarium mécanique, et probablement une *« sphère céleste automatique »*, dont l'une au moins aurait été fabriquée au IIIe siècle av. J.-C.).
La première, sûrement construite par Archimède, se retrouva à Rome grâce au général Marcus Claudius Marcellus. Le militaire romain la ramena après le siège de Syracuse en 212 avant J.-C., où le savant grec trouva la mort. Marcellus éprouvait un grand respect pour Archimède (peut-être dû aux machines défensives utilisées pour la défense de Syracuse) et ne ramena que cet objet du siège. Sa famille conserva le mécanisme après sa mort et, selon Cicéron, Lucius Furius Philus l'examina avec Caius Sulpicius Gallus au cours du IIe siècle av. J.-C.. Cicéron mentionne un objet analogue construit par son ami Posidonios. Les deux mécanismes évoqués se trouvaient à Rome, cinquante ans après la date du naufrage d'Anticythère. On sait donc qu'il existait au moins trois engins de ce type.

Par ailleurs, il semble que la machine d'Anticythère s'avère trop sophistiquée pour ne constituer qu'une œuvre unique.

En -86, la bibliothèque
Retrouve sa place après le sac d'Athènes par Sylla qui a fait venir des érudits athéniens à Alexandrie.

73 avant J.C. à **71 avant J.C.**
Révolte de Spartacus.

Spartacus était un esclave et gladiateur d'origine thrace (peuple antique qui vivait dans les Balkans). Il fut le principal chef des révoltés lors de la Troisième Guerre servile en Italie entre 73 et 71 av. J.-C.
On sait peu de choses sur Spartacus au-delà des événements de la guerre, et les récits historiques conservés sont parfois contradictoires et ne sont pas toujours fiables. Toutes les sources s'accordent pour dire qu'il était un ancien gladiateur et un chef militaire accompli. Cette

rébellion, interprétée par certains comme un exemple pour les peuples opprimés qui luttent pour leur liberté contre une oligarchie esclavagiste, a été une source d'inspiration pour certains penseurs politiques (communistes notamment, mais aussi tels qu'Arthur Koestler).

Bien que cette interprétation ne soit pas contredite par les historiens classiques (elle l'est, toutefois, par des historiens contemporains), aucun récit historique ne mentionne que l'objectif des rebelles était de mettre fin à l'esclavage dans la République romaine, et aucune des actions des chefs rebelles n'y semble spécifiquement destinée.

23 septembre 73 av. J.-C. (1er janvier 682 du calendrier romain) : début à Rome du consulat de Cnaeus Cornelius Lentulus Clodianus et Lucius Gellius Publicola.
Les deux consuls sont envoyés contre les gladiateurs révoltés : Gellius écrase la bande de Crixus près du *mont Garganus*. Les deux-tiers de ses 10 000 hommes sont massacrés ou capturés. Spartacus marche vers le nord avec le gros des forces et bat successivement Lentulus et Gellius dans les Apennins au moment où ils opèrent leur jonction.

Troisième guerre de Mithridate : Lucullus, qui a reconstitué une flotte après la destruction de celle de Cotta, parvient à disperser les forces pontiques qui se retirent de Lampsaque au large de Lemnos. Ses légats Triarius et Voconius Barba, à la tête de flottilles, prennent Apamée Cibotos en Phrygie, Prusa et Nicée en Propontide.

Mithridate VI se retire de Nicomédie en Bithynie vers Sinope, dans le Pont, avant que Barba bloque le Bosphore. Il laisse 4 000 hommes dans la ville indépendante d'Héraclée du Pont pour ralentir l'avance romaine. Son offensive est coordonnée avec elle de son frère Terentius Varro Lucullus, proconsul de Macédoine en 72-71 av. J.-C., qui marche vers le Danube contre les Thraces des Balkans et de Mésie. La ville grecque de Callatis signe un traité d'alliance avec Rome et la Dobroudja entre dans la mouvance romaine jusqu'à sa conquête par le roi dace roi Burebista après 55 av. J.-C.

Guerre sertorienne : offensive de Metellus et Pompée contre Sertorius, qui ne contrôle plus que la Lusitanie. Sertorius est assassiné lors d'un banquet par complot fomenté par son lieutenant Marcus Ventus Perpenna. Après avoir fait assassiner Sertorius, Perpenna, battu à plusieurs reprises par Pompée et Metellus, tente d'entrer en négociations avec Pompée mais celui-ci le fait exécuter à *Osca*. Pompée pacifie l'Espagne en un an.

CLEOPATRE VII

Née en 69 avant J.C. à Alexandrie,

Dans la famille royale des Ptolémées, issue d'un général d'Alexandre le Grand. Reine à 17 ans, elle doit partager le pouvoir avec son jeune frère Ptolémée XII Philopator (10 ans). Elle l'épouse selon la coutume pharaonique mais le mariage n'est pas synonyme de bonne entente !...

Le général romain Pompée, battu par son rival Jules César à Pharsale, en Grèce, demande asile aux souverains égyptiens. Mais il est traîtreusement assassiné sur ordre de Ptolémée.

Jules César débarque à son tour à Alexandrie et demande de l'argent car il en a besoin pour consolider son autorité à Rome. Or, l'Égypte est immensément riche. Cléopâtre, informée de l'arrivée de César, se présente à lui en cachette de son frère et pour cela imagine de se faire enrouler dans un magnifique tapis qui est présenté au général romain comme un cadeau de la reine ! Avec 30 ans de moins que César et un immense pouvoir de séduction, n'a pas trop de mal à devenir son amante. Au bout de deux ans, elle rejoint César à Rome. Mais les sénateurs soupçonnent le dictateur de vouloir épouser l'étrangère et de se transformer en monarque oriental. Ils l'assassinent. Cléopâtre s'enfuit sans demander son reste. Elle donne peu après naissance à un enfant, Ptolémée-César, que l'on surnommera par dérision Césarion.
Pendant ce temps, Rome se réinstalle dans la guerre civile. Marc Antoine, un ancien lieutenant de César, prend possession de la Grèce et de l'Asie qu'il a reçues en partage lors de la conclusion d'un *triumvirat*avec ses concurrents Octave et Lépide.

Comme le général a besoin d'argent et de blé pour entretenir ses troupes, il transmet ses demandes à la reine d'Égypte.
Quand celle-ci arrive à sa rencontre, le sémillant quadragénaire est ébloui et tombe dans ses filets. Les deux amants vivent alors une lune de miel prolongée.
Mais Antoine ne peut prolonger son séjour alexandrin. Il va en Italie conclure une paix bâclée avec son rival. Quatre ans se passent avant qu'Antoine ne regagne Alexandrie. Cléopâtre le convainc de fonder avec elle un empire oriental rival de Rome.
C'en est trop pour Rome. Octavien a beau jeu de dénoncer devant le Sénat la menace que font planer Cléopâtre et Antoine. Il engage contre eux un combat naval à Actium. Défaits, les deux époux et amants se replient à Alexandrie. Quand Octave débarque à son tour, ils choisissent la fuite dans la mort.

STRABON

Né vers 64 avant J.C. et mort entre 21 à 25 après JC,

Dont la Géographie en dix-sept volumes est le premier des dictionnaires.

Globalement, Strabon prétend avoir beaucoup voyagé, de l'Arménie à l'Étrurie et du Pont-Euxin à l'Éthiopie. Un événement précisément datable de sa vie est un voyage en Égypte en 25 ou 24 av.J.C. Il y explore les rives du Nil en compagnie du préfet Romain d'Égypte Caius Ælius Gallus jusqu'au pays de Kouch. Mais il y a des lacunes dans ses connaissances, il est évident qu'il ne voyait Cyrène qu'à partir d'un bateau et non pas dans la ville elle même. Après ses voyages, Strabon retourne à Amasée, on ne connait pas la date précise.

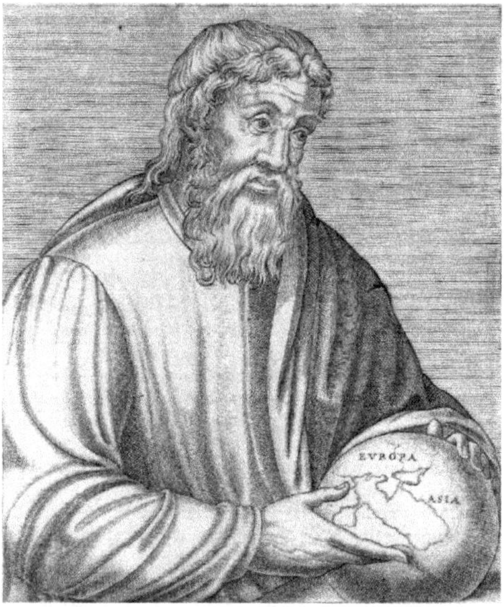

On a connaissance de deux grandes œuvres de Strabon : Une *Histoire* en 43 volumes et une *Géographie*, qui se compose de 17 volumes. Son but était d'offrir à un lectorat aussi large que possible un livre agréable et instructif.

Strabon souhaitait que sa *Géographie* puisse être lue par les dirigeants de l'Empire Romain, afin qu'ils puissent comprendre la géographie des lieux les plus importants de l'histoire. Mais son œuvre resta dans l'ombre sous l'Empire Romain. Ce ne fut qu'à partir du Ve siècle ap.J.C qu'elle commença à être évoquée. Elle est régulièrement citée par Stéphane de Byzance (Écrivain Byzantin du VIe siècle.

Plus tard, durant le Moyen-âge, la popularité de Strabon va augmenter considérablement et il va arriver à être considéré comme l'archétype du géographe par les écrivains. Au XVe siècle Guarino Veronese traduisit la totalité de l'œuvre de Strabon, contribuant ainsi à sa redécouverte.

TITE-LIVE

Né vers 59 av. J.-C. et décédé en **17 ap. J.-C.** dans sa ville natale de Padoue.

Historien de la Rome antique, auteur de la monumentale œuvre de l'Histoire romaine.

Tite-Live a écrit une *Histoire de Rome depuis sa fondation* qui couvre en 142 livres l'histoire romaine des origines jusqu'à la mort de Drusus en 9 av. J.-C. L'auteur romain a sûrement prévu 150 livres, dont le récit se serait terminé avec la mort d'Auguste, trois ans avant la sienne.

Cette œuvre est organisée en décades (ou groupes de 10 livres), mais 35 livres seulement sont parvenus jusqu'à nous : les livres I à X et XXI à XLV. Les autres ne sont connus que par des fragments ou des abrégés appelés *periochae* faits postérieurement.

Ils nous donnent une idée du plan suivi par Tite-Live et de la manière dont il avait réparti la matière qu'il a traitée.

58 avant J.C. Début de la Guerre des Gaules.

Le terme de **guerre des Gaules** ou **conquête de la Gaule** se réfère à la campagne d'assujettissement des peuples de la région qui forme aujourd'hui la France (à l'exception du sud, la Gaule transalpine, déjà sous domination romaine depuis 121 av. J.-C.), la Belgique, leLuxembourg et une partie de la Suisse, des Pays-Bas et de l'Allemagne.

Cette guerre est menée par Jules César de 58 à 51/50 av. J.-C., et il la narre dans ses *Commentaires sur la Guerre des Gaules* (*De bello gallico*), qui reste la principale source de ces événements. Bien que Césartente de présenter l'invasion comme une défense préventive de Rome et de ses alliés gaulois, de nombreux chercheurs pensent que c'est en fait une guerre impérialiste à toutes fins utiles, préméditée, par l'intermédiaire de laquelle il acquiert son pouvoir et son prestige.

Cette guerre de conquête constitue un événement majeur de l'histoire de la Rome antique et de l'Europe. En effet, cette conquête marque la fin définitive de la menace — alors toujours vivante dans la mémoire collective des Romains — que les *barbares* gaulois représentent pour Rome depuis le sac de la ville par Brennus en 390 av. J.-C.

C'est aussi un événement majeur dans l'histoire de l'Europe parce que les provincesgallo-romaines seront les plus peuplées de l'Empire romain et deviendront la plaque tournante du commerce européen. L'essentiel des connaissances historiques sur cette guerre provient des écrits de César lui-même qu'il rassemble dans ses *Commentaires sur la Guerre des Gaules*.

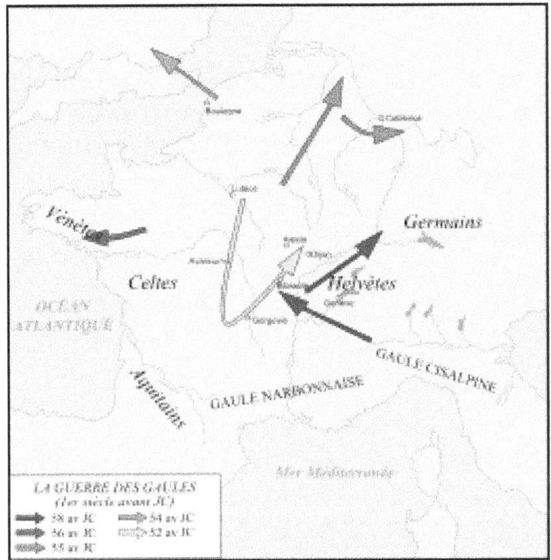

Principaux épisodes :

En **57 av. J.-C.**, César combat les Belges qui se sont révoltés et les vainc. Un de ses lieutenants soumet l'Armorique.

En **56 av. J.-C.**, César intervient en Belgique où des tribus se sont de nouveau révoltées. Un de ses lieutenants réduit à l'obéissance les Gaulois d'Aquitaine.

En **55 av. J.-C.**, César est en Belgique pour écraser de nouvelles révoltes et fait un raid en Germanie pour intimider les populations et décourager leur intervention éventuelle en Gaule. Dans le même but, il fait également une reconnaissance militaire dans les îles Britanniques.
Pendant l'Antiquité romaine, la **Bretagne** (*Brittania*) était une province romaine. Elle correspond à l'Angleterre actuelle. Occupée dès les temps préhistoriques (voir les vestiges de Stonehenge) elle est conquise par des tribus celtes à la fin du deuxième millénaire av. J.-C. Jules César fait

une incursion dans l'île en 55 av. J.-C. La conquête par les Romains est entreprise pendant le règne de l'empereur Claude au Iᵉ siècle. La Bretagne fait alors partie de l'Empire romain, mais la population garde ses langues brittoniques, qui donneront le breton.

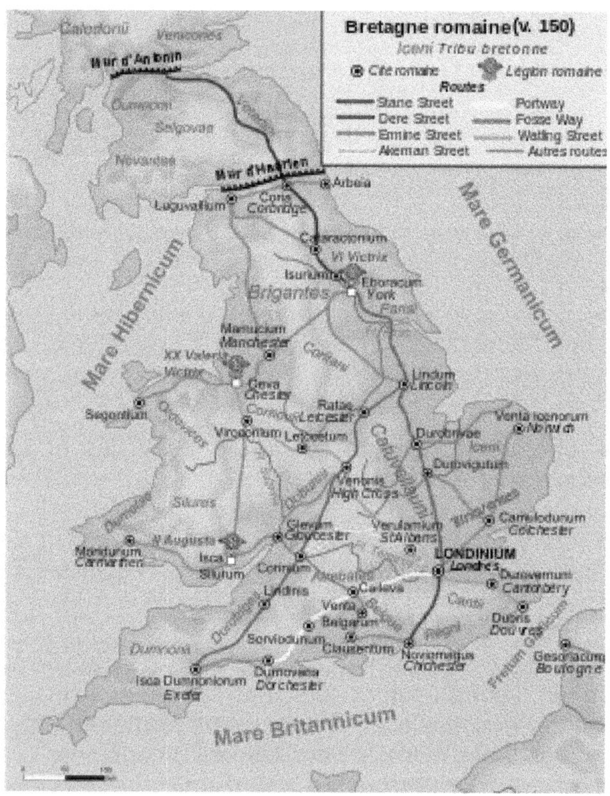

Au IIᵉ siècle, pour protéger les territoires romanisés des incursions des Celtes des montagnes écossaises, l'empereur Hadrien et l'empereur Antonin font construire des murs dans le nord de l'île.

L'armée romaine abandonne l'île en 411, pour se consacrer à la défense des territoires continentaux de l'empire, menacés par les migrations germaniques. Au Ve siècle, les tribus germaniques des Angles et des Saxons, installées en Germanie (nord de l'Allemagne) conquièrent l'île et y font disparaître la civilisation romaine.
Une partie des bretons romanisés (qui vivaient comme des romains mais parlaient breton) quittent alors l'île et se réfugient sur le continent, en Armorique. Là ils se mêlent avec la population gallo-romaine, et importent leur langue, le breton. À partir de cette époque, l'ancienne Armorique est alors appelée la Bretagne et devient plus tard une région de la France, tandis que l'ancienne province romaine de Bretagne devient la Grande-Bretagne.

En **54 av. J.-C.**, César entreprend une seconde expédition dans les îles Britanniques. De nombreuses tribus belges se révoltent de nouveau, en particulier les Éburons commandés par Ambiorix. César parvient à éviter le soulèvement général de la Gaule en convoquant à Lutèce les chefs gaulois.

En **53 av. J.-C.**, César combat surtout Ambiorix, chef des Éburons, qui s'est installé dans les forêts ardennaises où il mène une guérilla. Pour réduire définitivement la résistance des Belges, César appelle des tribus gauloises alliées des Romains et des tribus germaniques.
Il les autorise à ravager le territoire des Éburons dans la basse vallée de la Meuse. Puis César regagne l'Italie pour s'opposer à Pompée dans la conquête du pouvoir à Rome.

52 avant J.C. Alésia : VERCINGETORIX dépose ses armes aux pieds de Jules César.

Le **siège d'Alésia** est une bataille décisive de la guerre des Gaules qui voit la défaite d'une coalition de peuples gaulois menée par Vercingétorixface à l'armée romaine de Jules César en 52 av. J.-C.
Désireux d'accroître son propre prestige et saisissant l'occasion d'étendre le territoire de la République romaine, Jules César intervient

dans les affaires gauloises en 58 av. J.-C. et contrôle rapidement une grande partie de la Gaule.

Cette domination irrite les Gaulois qui se révoltent à plusieurs reprises et, en 52 av. J.-C., le chef arverne Vercingétorix rassemble de nombreux peuples du centre de la Gaule.

Il parvient à repousser les assauts romains au siège de Gergovie mais est à l'été, encerclé dans l'oppidum d'Alési a que le débat historique situe dans la ville actuelle d'Alise-Sainte-Reine en Côte d'Or.

César entreprend immédiatement d'ériger un double réseau de fortifications autour de la colline, pour repousser une éventuelle armée de secours ou une tentative de sortie des assiégés. Longues d'une trentaine de kilomètres, ces défenses sont composées d'une série de remblais, de fossés, de palissades et de tours et témoignent des compétences dugénie romain. Les forces en présence sont mal connues, mais les historiens estiment que les Gaulois disposent d'une confortable supériorité numérique sur les Romains.

Vers août-septembre, les encerclés et l'armée de secours tentent de rompre l'encerclement mais les Romains parviennent à tenir leurs positions et à repousser les assaillants qui se dispersent en désordre. Démoralisés et craignant la famine, les Gaulois décident de se rendre peu après cet affrontement.

La défaite d'Alésia marque la fin de toute résistance organisée à la domination romaine en Gaule. Auréolé de son succès, César est accueilli en héros à Rome, mais les tensions politiques provoquées par son ascension débouchent sur une guerre civile.

Les Cadurques du Quercy, retranchés dans l'oppidum d'Uxellodunum, capitulent en **51 av. J.-C**. La guerre des Gaules est terminée.

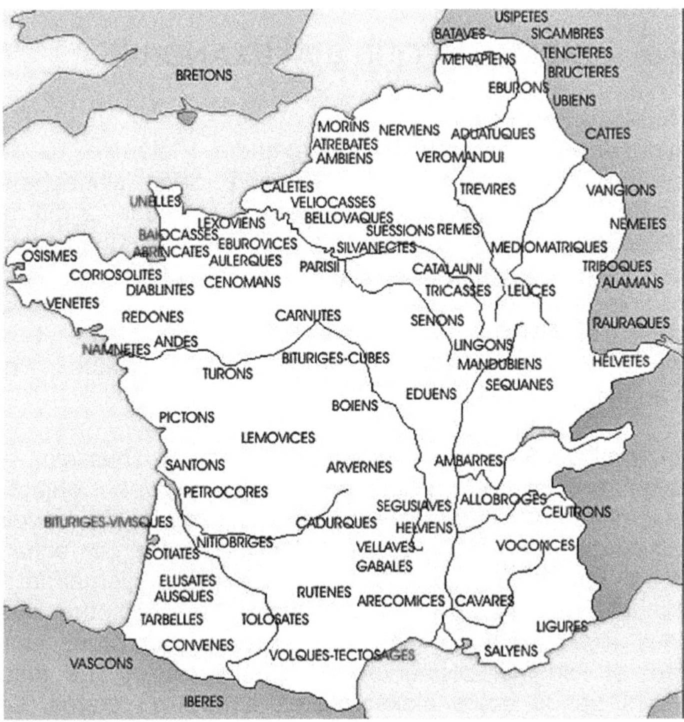

César y gagne la gloire militaire et la richesse qu'il recherchait. Il devient une menace pour le Sénat romain et pour Pompée.
Disposant d'une armée entraînée et formée de soldats fidèles, César se lance alors dans la guerre civile dont il sortira vainqueur. Il retient prisonnier Vercingétorix dans la prison Mamertine et le fait exécuter. Vercingétorix est mort probablement étranglé.

Vers –50
Traités des machines de guerre par Athénée le Mécanicien

48 avant J.C.
Grand incendie de la BIBLIOTHEQUE d'ALEXANDRIE

Plus de 40.000 rouleaux perdus.
Ayant reçu l'Égypte en partage à la mort d'Alexandre, Ptolémée, un de ses généraux, devenu roi sous le nom de Ptolémée Ier *Sôter*, s'attacha à faire d'Alexandrie la capitale culturelle du monde hellénistique, à même de supplanter Athènes. En 288 avant notre ère, à l'instigation de Démétrios de Phalère, tyran d'Athènes de -317 à -307, exilé à Alexandrie et disciple d'Aristote, il fit construire un musée (*Museîon*, le « Palais des Muses ») abritant une université, une académie et la bibliothèque (estimée à 400 000 volumes à ses débuts, et jusqu'à 700 000 au temps de César).

Située dans le *quartier du Bruchium* près des palais royaux (*basileia*) — Épiphane de Salamine la place au*Broucheion* —, celle-ci a pour objectif premier de rassembler dans un même lieu l'ensemble du savoir universel. La constitution du fonds s'opéra essentiellement par achat, mais également par saisie ou ruse : Ptolémée aurait ainsi demandé à tous les navires qui faisaient escale à Alexandrie de permettre que les Livres contenus à bord soient recopiés et traduits ; la copie était remise au navire, et l'original conservé par la bibliothèque. Le fond s'enrichit également par la copie d'exemplaires acquis ou prêtés. La bibliothèque ne commença à fonctionner que

sous Ptolémée II *Philadelphe* qui, selon Épiphane, aurait demandé « aux rois et aux grands de ce monde » qu'ils envoient les œuvres de toutes les catégories d'auteurs et aurait fixé un objectif de 500 000 volumes.
Le musée devint un centre académique de hautes recherches où les savants étaient défrayés par le prince (il avait de plus fait édifier dans le complexe du *Museîon* appartements et réfectoire à leur intention) et où ils trouvaient les instruments, collections, jardins zoologiques et botaniques nécessaires à leurs travaux.

La bibliothèque ne ressemblait pas à celles d'aujourd'hui avec une salle et un mobilier spécifique.

Selon Strabon, les livres étaient dans des niches dans l'épaisseur des murs des *peripatos* (« péripate », Portiques à colonnes servant de promenoir couvert), les lecteurs les lisant probablement dans ce « péripate » ou dans les allées ombragées des jardins. Il faut dire qu'avant Ambroise de Milan, on lisait à voix haute, et donc souvent dans les jardins. La traduction en grec de tous ces ouvrages fut un travail colossal qui mobilisa la plupart des intellectuels et savants de chaque pays ; il fallait que ces hommes maîtrisassent à la perfection leur propre langue ainsi que le grec.

C'est également au sein de la Bibliothèque qu'à l'instigation du souverain lagide Ptolémée II *Philadelphe*, sans doute vers 281 av. J.-C, fut traduit en grec le Pentateuque hébreu, donnant naissance à la Septante. Selon la légende, six représentants de chaque tribu juive s'enfermèrent sur l'île de Pharos pour accomplir cette traduction et auraient exécuté la traduction en soixante-douze jours. Le poète grec Callimaque de Cyrène, qui selon la tradition aurait d'abord été simple *grammatikos*, enseignant la lecture et l'écriture, fut reçu par Ptolémée II et donna des leçons de poésie dans le musée : il eut Apollonios de Rhodes et Aristophane de Byzance comme disciples.

Successeur de Zénodote au poste de bibliothécaire d'Alexandrie à la mort de celui-ci, tout en continuant à donner des cours.
Il rédigea le premier catalogue raisonné de la littérature grecque, les *Tables* (Pinakes) *des personnalités dans chaque branche du savoir et liste de leurs écrits*, couvrant quelque cent vingt rouleaux d'inventaire classé par ordre alphabétique et par genre.

Au début du IIe siècle avant notre ère, sur l'autre rive de la mer Méditerranée, Eumè ne II de Mysie fonda la bibliothèque et centre de recherche de Pergame, en faisant une concurrente à la bibliothèque d'Alexandrie. Cette concurrence aurait pu stimuler le développement de la bibliothèque, mais aussi également l'affaiblir, car les Ptolémées étaient en pleine décadence pendant ce siècle. À la même époque fut créée une annexe à la bibliothèque dans le Sérapéum d'Alexandrie. Cette bibliothèque-fille abritait 42 800 rouleaux et était destinée aux simples lecteurs.

-45 Création du calendrier julien

15 mars 44 avant J.C, Assassinat de JULES CESAR

« Tu quoque, mi fili » Toi aussi mon fils

C' est le résultat d'un complot de sénateurs romains qui se surnommaient entre eux les *Liberatores* et dont les chefs les plus renommés furent Marcus Junius Brutus et Caius Cassius Longinus. L'événement eut lieu à la curie de Pompée attenante au théâtre de Pompée durant les Ides de Mars (le 15 mars) de l'an 44 av. J.-C.

Depuis peu, le Sénat avait nommé Jules César sénateur à vie et c'est cela que certains sénateurs n'acceptaient pas. Ils ont pensé que le régime allait aboutir à une tyrannie et que Jules César se ferait couronner roi de Rome. Il semble qu'en voyant Brutus il ait dit « Toi aussi mon fils ! ». Il se couvre alors la tête de sa toge et s'effondre au pied de la statue de Pompée.

Il a reçu 23 coups de poignards. Aussitôt, les conjurés s'enfuient suivis des sénateurs innocents qui ont assisté à l'assassinat sans lever le petit doigt. C'est vers la fin de la journée que trois esclaves viennent chercher le corps. Selon le médecin Antistius, qui l'a examiné, un seul des 23 coups de poignards était mortel. Selon Suétone, plusieurs signes annoncent la mort de César dans les jours précédant les ides de mars, mais il n'en tient pas compte. L'aruspice Spurinna, lors d'un sacrifice, lui demande de se méfier des ides.

Le matin du 15, sa femme Calpurnia a rêvé de sa mort et lui demande de ne pas se rendre au Sénat. César hésite mais Decimus Brutus, venu le chercher chez lui, le persuade de venir.

Peu avant d'entrer au Sénat, l'un de ses agents informateurs, Artémidore, lui tend une supplique donnant tous les noms des conspirateurs. César la prend sans la lire. Si les assassins visaient à restaurer la République, ils furent déçus puisque s'ensuivirent quinze ans de guerre civile, puis ce fut le règne sans partage d'Octave dit Auguste. Celui-ci avait été nommé héritier testamentaire de César et était devenu du même coup son fils adoptif. Au début, les conjurés n'ont cependant rien à craindre d'autant plus qu'ils trouvent au Sénat un défenseur zélé en Cicéron. Avec l'accord d'Antoine, toujours consul, ils sont amnistiés. Decimus Brutus reçoit le gouvernement de la Gaule cisalpine, Brutus celui de la Macédoine et Cassius celui de la Syrie. En Orient, Brutus et Cassius s'allient et parviennent à lever vingt légions. Ils semblent en effet plus disposés à se défendre contre d'éventuels adversaires que de gouverner leurs provinces. Ils n'ont pas tort de s'inquiéter. En 43 av. J.-C., Octavien se fait nommer consul et l'un de ses premiers gestes est de faire condamner par contumace les assassins de César. À la même époque, Antoine, Octavien et Lépide forment le second triumvirat et déclenchent des proscriptions à Rome. Antoine bat Decimus Brutus à Modène puis le fait égorger. En 42 av. J.-C., Antoine et Octavien affrontent Brutus et Cassius en Grèce.

Ceux-ci se suicident après la bataille de Philippes. Suétone écrit à propos des conjurés : « Presque pas un de ses meurtriers ne lui (César) survécut plus de trois ans et ne mourut de mort naturelle. Condamnés tous, ils périrent tous, chacun d'une mort différente ; ceux-ci dans des naufrages, ceux-là dans les combats ; il y en eut même qui se percèrent du même glaive dont ils avaient frappé César »

Liste des constirateurs :

Caius Cassius Longinus
Marcus Junius Brutus
Decimus Junius Brutus Albinus
Caius Trebonius
Servius Sulpicius Galba
Quintus Ligarius
Lucius Minucius Basilus
Publius Servilius Casca Longus
Caius Servilius Casca (frère du précédent)
Lucius Tillius Cimber
Lucius Cassius Longinus (frère de Cassius)
Caius Cassius Parmensis
Cæcilius
Bucolianus, frère du précédent
Rubrius Ruga
Marcus Spurius
Publius Sextius Naso
Lucius Pontius Aquila
Marcus Petronius
Decimus Turullius

Pacuvius Antistius Labeo

31 avant J.C. Invention du MOULIN a EAU

On ne sait pas précisément quand et où fut utilisé le premier moulin à eau, ni qui est son inventeur. Selon Marc Bloch, historien français spécialiste du Moyen Age, le moulin à eau serait le détournement d'un mécanisme d'irrigation. En effet, l'une des plus anciennes utilisations de l'énergie hydraulique est celle des roues élévatrices qui permettent d'amener une partie de l'eau servant à les mouvoir jusque dans des conduites d'irrigation.

La première mention d'un moulin à eau est faite en l'an 18 avant J.C. dans le palais que Mithridate avait fait construire à Cabire, dans le Pont.

Si ce moulin date de la construction du palais, il remonterait aux années 120-63. Un peu plus tard, Vitruve décrit un moulin à roue verticale, puis Pline signale des moulins sur les rivières italiennes.
Le moulin à eau est sans doute une invention du bassin oriental de la Méditerranée ; d'ailleurs Vitruve ne le connaît que sous son nom grec : hydraletes. Mais on ne possède que très peu de descriptions des mécanismes employés et l'on ne sait pas si ces moulins étaient à roue verticale ou horizontale. On a cependant beaucoup discuté pour savoir si le moulin à eau avait été importé d'Extrême-orient, les premiers moulins à eau de Chine étant

décrits vers l'an 31 de notre ère, ou s'il y avait été exporté par l'Europe Occidentale.

La corporation des meuniers, nettement différenciée, apparaît pour la première fois à Rome dans une inscription de 448. Jusqu'au IVe siècle, on ne connaît que des exemples méditerranéens et gaulois, les restes archéologiques étant peu nombreux. Seul un texte d'Ausone, du IIIe siècle, fait mention d'un moulin sur un affluent de la Moselle. Au VIe siècle, en Europe, les moulins à eau peuvent encore se compter sur les doigts de la main : celui de Dijon, celui de Nicet-sur-Moselle, celui de Genève.

En France, le nombre de moulins à eau connaît une extension énorme au Moyen Age, entre le Xe et le XIIIe siècle. « Invention antique, le moulin à eau est médiéval par l'époque de sa véritable expansion » écrit M. Bloch.

-30 Traité d'agriculture de Columelle. *De Architectura* de Vitruve
-27 Utilisation de la coupole au Panthéon

Les historiens font débuter l'empire romain le 16 janvier de l'an 27 avant JC. Ce jour-là, à Rome, le Sénat octroie au petit-neveu de Jules César le titre honorifique d'Auguste, qui désigne une personne agissant sous de bons auspices.

Vers – 20 Apparition du verre soufflé à Rome
L'an 8 avant J.C.
Le papier porteur d'un message le plus ancien connu à ce jour, découvert en Chine, serait daté de -8, sous la dynastie des Han de l'Ouest (-206, 25). Il s'agit d'un fragment de lettre dont le papier est fait à partir de fibres de lin, sur laquelle une vingtaine de sinogrammes anciens ont été déchiffrés. Il a été trouvé en 2006 à Dunhuang, dans la province du Gansu, et a été daté en fonction d'autres documents écrits trouvés au même endroit de la fouille. D'après une tradition chinoise, on pensait que le papier était apparu au IIIe siècle av. J.-C. en Chine, sous le règne de Qin Shi Huang (fondateur de la dynastie Qin).

Une histoire racontait que des personnes auraient alors repéré les dépôts blancs d'écume sur les rochers à la suite des crues et auraient tenté de le reproduire. D'après une autre tradition chinoise, ce serait Cai Lun, ministre de l'agriculture qui, en 105, aurait codifié pour la première fois l'art de fabriquer du papier et en aurait amélioré la technique afin de le produire en masse.

Naissance de Jésus-Christ.

L'an 0, + ou – 6 –

Le début de l'ère chrétienne a été fixé à la naissance de Jésus, c'est à dire que **l'année 1 du calendrier chrétien correspond à la naissance supposée du Christ** : on l'appelle l'*Anno Domini* (An du Seigneur). Or les historiens actuels situent en fait sa naissance quelques années avant notre ère, soit **quelques années avant J.-C.** ! Cela parait paradoxal que **Jésus soit né « avant Jésus Christ »,** mais est dû au fait que sa naissance a été déterminée par le moine Denys le Petit au VI[e]siècle, en se basant sur des travaux précédents, pas très exacts et souvent partiaux.

Le **calendrier chrétien** a été fixé avec cette date pour point de départ. Pourtant, l'année de naissance de Jésus n'est **pas précisément connue**. Les évangiles de Matthieu et Luc la situent sous le règne d'Hérode Ier le Grand, qui s'achève en 4 avant notre ère. De ce fait, selon les travaux d'historiens récents, Jésus Christ serait né **entre 7 et 5 avant J.C.** Il s'agissait surtout pour l'Église de fixer un **symbole** pour débuter l'ère chrétienne, l'inexactitude était alors moins préoccupante. Ainsi, le **jour de naissance du Christ**, fixé au 25 décembre durant le IVe siècle, est également symbolique, afin de coïncider avec le *Sol Invictus*, une fête romaine. Au dire des Evangiles Jésus est né dans une grotte. C'est ce qu'a toujours enseigné la tradition chrétienne, depuis le philosophe Justin de Naplouse (135 après J.-C.). Dans son *Dialogue avec Tryphon* il écrit : "Joseph le fiancé de Marie, qui avait voulu renvoyer sa fiancée la croyant enceinte par le commerce d'un homme, c'est-à-dire par fornication, reçut en vision l'ordre de ne pas renvoyer sa femme et l'ange qui lui apparut lui dit que ce qu'elle portait en elle, dans son sein, venait de l'Esprit Saint. Rempli de crainte il ne la renvoya pas.

Au contraire, comme c'était en Judée qu'eut lieu le premier recensement de Quirinius, de Nazareth où il habitait, il monta se faire inscrire à Bethléem d'où il était, car il était de la tribu de Juda qui occupait cette région....

L'enfant était né à Bethléem, comme Joseph n'avait pas où loger dans ce village, il s'installa *dans une grotte toute voisine de Bethléem,* et tandis qu'ils étaient là, Marie enfanta le Christ et le plaça dans une mangeoire : à leur arrivée les mages d'Arabie l'y trouvèrent". Origène au troisième siècle répète cette tradition qui est connue également par l'auteur du Protévangile de Jacques. C'est autour de cette grotte que l'empereur Constantin fit édifier une grande basilique après l'an 325, selon le témoignage de l'historien Eusèbe de Césarée, contemporain des faits.
En l'an 386 Jérôme s'installa près de la grotte, avec une dame romaine du nom de Paola pour vivre la vie monastique.

Il se consacra à l'étude de la Bible qu'il traduisit en latin. On appelle cette traduction, qui deviendra la version officielle dans l'Eglise d'Occident, la Vulgate. Jérôme fut enseveli dans une grotte voisine.

IV - CONCLUSION

Cette première partie est basée sur la création de notre univers puis de l'évolution de l'homme jusqu'à l'an zero. N'ont été développés que les principaux points et présentés que quelques personnages célèbres. Sciemment je me suis limité à des généralités, avec quelques anecdotes car le sujet est immense et inépuisable.
Une seconde partie jusqu'à la renaissance est en cours et permettra de mettre en valeur les découvertes majeures, bases de notre avenir.

V - GLOSSAIRE

Souvenirsdutemps.vraiforum.com
fr.wikipedia.org/wiki/Portail : Histoire_des_sciences/
Aux origines de la science par Pierre Marage, Université libre de Bruxelles
Reflexion dur l'origine de la science, de C Fangzheng, www.tribunes.com/tribune/alliage/41-42/Fangzheng_41.htm

Les alchimistes à l'origine de la science moderne sur revue « La recherche »
Histoire des sciences (Wikipedia)
fr.wikipedia.org/wiki/Préhistoire_(discipline)
soutien67.free.fr/histoire/pages/antiquite/antiquite.htm
upsudcharente.asso-web.com/34+thales-et-la-naissance-de-la-science-1er...
jean-francois.mangin.pagesperso-orange.fr
Naissance de la science – André Pichot
Qu'est-ce que la mythologie grecque ? - CLAUDE CALAME
Science et philosophie – Alain Boutot
cpt.univ-mrs.fr/~rovelli/NS.html
La préhistoire et les premières civilisations – John M. Roberts
L'extrème orient et la grèce antique – John M. Roberts
Haut moyen-âge – De l'antiquité tardive à l'an mille – Xavier Barral Altet
Les Mayas – Arthur Demarest – Le club
Les sources de la civilisation occidentale – John Haywood
Histoire de la chimie en 80 dates – Alain Sevin & Christine Dezarnaud Dandine – Vuibert Adapt
La civilisation médiévale – Ivan Gobry - GLM
Berceaux de l'humanité : Des origines à l'Age de bronze. Pascal Picq Sous la direction d'Yves Coppens. Larousse. 2003

Introduction à l'étude de la chimie des anciens et du moyen âge – Marcelin Berthelot - Hermann

Averroes – Dominique Urvoy – Le Club
Patterns of Growth and Development in the Genus Homo. J. L. Thompson, G. E. Krovitz et A. J. Nelson 2003
How Homo Became Sapiens: On the Evolution of Thinking. Peter Gardenfors. 2003
Homo Sapiens.Isabelle Bourdial, Pedro Lima, Yves Coppens et Patrick Glaize. Flammarion 2004

Homo Sapiens. Yves Coppens, Isabelle Bourdial. Flammarion-Pere Castor 2006.
Nouvelle histoire de l'Homme, Pascal Picq. Librairie Académique Perrin 2007
Britton, John P., Proust, Christine & Shnider, Steve. 2011. « *Plimpton 322 : a review and a different perspective.* » Archive for History of Exact Sciences 65, no. 5 : 519-66.
Bruins, Evert M., & Marguerite Rutten. 1961. Textes mathématiques de Suse, Mémoires de la mission archéologique en Iran. Paris : Geuthner.
Cavigneaux, Antoine. 1999. *« A scholar's Library in Meturan ? »* In Mesopotamian Magic, edited by Tzivi Abusch and Karel van der Toorn, 251-73. Groningen : Styx Publications.
Charpin, Dominique. 1986. *Le clergé d'Ur au siècle d'Hammurabi.* Genève : Droz.
Leclerc, J. et Tarrête, J. (1988) - « Protohistoire », in: Dictionnaire de la Préhistoire, Leroi-Gourhan, A., (Éd.), PUF, p. 905.
https://multimedia.inrap.fr/atlas/Nimes/Syntheses/periodes-chronologiques/p-20806-La-Protohistoire
Marcel Otte, La Protohistoire, De-Boeck, 1999, 1re éd. (ISBN 978-2-8041-5923-8, lire en ligne [archive])
Jacques Briard, « Protohistoire » [archive], sur http://www.universalis.fr [archive], Encyclopædia Universalis France (consulté le 21 juillet 2013)
Jean Guilaine, Les chemins de la protohistoire : Quand l'Occident s'éveillait (7000-2000 avant notre ère), Odile Jacob,

Chemla, Karine. 2012a. « *Historiography and history of mathematical proof : a research program Karine Chemla.* » In The History of Mathematical Proof in Ancient Traditions, edited by Karine Chemla, 1-68. Cambridge : Cambridge University Press.

www.utb-
chalon.fr/media/files/Groupes_de_travail/Ethique_et_societe/Technologie/chronologie_des_techniques

Chemla, Karine, 2012b. *The History of Mathematical Proof in Ancient Traditions.* Cambridge : Cambridge University Press.

Friberg, Jöran. 2000. « *Mathematics at Ur in the Old Babylonian period.* » Revue d'Assyriologie 94 : 98-188.

Høyrup, Jens. 1990. « *Algebra and naive geometry. An investigation of some basic aspect of Old Babylonian mathematical thought.* » Altorientalische Forschungen 17 : 27-69, 262-354.

Høyrup, Jens. 1996 « *Changing trends in the historiography of Mesopotamian mathematics : an insider's view.* » History of science 34 : 1-32.

Høyrup, Jens. 2002. *Lengths, Widths, Surfaces. A Portrait of Old Babylonian Algebra and its Kin, Studies and Sources in the History of Mathematics and Physical Sciences.* Berlin & Londres : Springer.

Høyrup, Jens. 2006. « *Artificial Language in Ancient Mesopotamia – A Dubious and a Less Dubious Case.* » Journal of Indian Philosophy 34, no. 1-2 : 57 - 88.

Høyrup, Jens. 2010 « *L'algèbre au temps de Babylone - Quand les mathématiques s'écrivaient sur de l'argile* ». Paris : Vuibert.

Høyrup, Jens. 2012. « *Mathematical justification as non-conceptualized practice : the Babylonian example.* » In The History of Mathematical Proof in Ancient Traditions, edited by Karine Chemla, 362-83. Cambridge : Cambridge University Press.

Melville, Duncan J 2002. « *Weighing Stones in Ancient Mesopotamia.* » Historia Mathematica 29 : 1-12.

Michel, Cécile. 2008. « *Ecrire et compter chez les marchands assyriens du début du IIe millénaire av. J.-C.* » In Muhibbe Darga Armağanı (Mélanges en l'honneur du professeur Muhibbe Darga), edited by Taner Tarhan, Aksel Tibet and Erkan Konyar, 345-64. Istanbul : Sadberk Hanım Müzesi (Sadberk Hanim Museum Publications).

Neugebauer, Otto. 1935-1937. *Mathematische Keilschrifttexte I-III*. 2 vols, Quellen und Studien zur Geschichte der Mathematik, Astronomie und Physik. Berlin : Springer.

Neugebauer, Otto, & Abraham J. Sachs. 1945. *Mathematical Cuneiform Texts*. New Haven : American Oriental Series & American Schools of Oriental Research

Proust, Christine. 2007. *Tablettes mathématiques de Nippur*. Istanbul : Institut Français d'Etudes Anatoliennes, De Boccard.

Proust, Christine. 2012. « Interpretation of Reverse Algorithms in Several Mesopotamian Texts » In *The History of Mathematical Proof in Ancient Traditions*, edited by Karine Chemla, 384-422. Cambridge : Cambridge University Press.

Théon de Smyrne, *Exposition des connaissances mathématiques utiles pour la lecture de Platon* (vers 130 ?), édition critique accompagnée d'une trad. fr. par J. Dupuis, Hachette, 1892.

Paul Tannery, *Pour l'histoire de la science hellène*, Alcan, 1887.

Leonid Zhmud, *The Origin of the History of Science in Classical Antiquity*, Berlin/New York, Walter de Gruyter, 2006.

Jacques Brunschwig et Geoffrey Lloyd (préf. Michel Serres), *Le Savoir grec : Dictionnaire critique*, Flammarion, 1996, 1096 p., p. 413-415 et 891-892.

Istvan Bodnar, William W. Fortenbaugh (éds.), *Eudemus of Rhodes*, New Brunswick, Transactions Publishers, 2002.

(de) F. Wehrli, *Die Schule des Aristoteles, Texte und Kommentare* (1944-1960), t. VIII : *Eudemos von Rhodos*, 1955, Bâle et Stuttgart, 2e éd. 1969.

Robson, Eleanor. 1999. *Mesopotamian Mathematics, 2100-1600 BC. Technical Constants in Bureaucracy and Education*. Vol. XIV, Oxford Editions of Cuneiform Texts. Oxford : Clarendon Press, Reprint

Robson, Eleanor. 2001. *« The Tablet House : A Scribal School in Old Babylonian Nippur. »* Revue d'Assyriologie 95 : 39-66.

Robson, Eleanor. 2002a. *« More than metrology : mathematics education in an Old Babylonian scribal school. » In* Under One Sky.

Astronomy and Mathematics in the Ancient Near East, edited by John M. Steele and Annette Imhausen, 325-65. Münster : Ugarit-Verlag.

Robson, Eleanor. 2002b. « *Words and Pictures : New Light on Plimpton 322.* » American Mathematical Monthly 109 : 105-20.

Sauvage, Martin. 1998. *La brique et sa mise en œuvre en Mésopotamie. Des origines à l'époque achéménide.* Paris : Editions Recherches sur les Civilisations (ERC).

Ciceron, *Cato maior, sive De Senectute* (*Caton l'Ancien ou De la vieillesse*),

Caton (trad. Raoul Goujard), *De l'agriculture*, Paris, Société d'édition Les Belles Lettres, coll. « Universités de France »,

Tanret, Michel. 2002. *Per aspera ad astra. L'apprentissage du cunéiforme à Sippar-Amnanum pendant la période paléo-babylonienne tardive*, Mesopotamian History and Environment. Gand : Université de Gand.

Thureau-Dangin, François. 1936. *« L'équation du deuxième degré dans la mathématique babylonienne d'après une tablette inédite du British Museum. »* Revue d'Assyriologie 33-1 : 27-48.

Thureau-Dangin, François. 1938. *Textes Mathématiques Babyloniens.* Leiden : Ex Oriente Lux.

Veldhuis, Niek. 1997. *« Elementary Education at Nippur, The Lists of Trees and Wooden Objects. »* Ph. D. dissertation, University of Groningen.

Hachette Multimédia – Les mayas

Denis GUEDJ, « L'empire des nombres », collection « Découvertes » chez Gallimard.

François Reynaert – La grande histoire du Monde Arabe – Livre de poche.

VI – CREDIT ICONOGRAPHIQUE

Image Credit : Karen Carr Studio – p 13

Image Credit : John Gurche, artist / Chip Clark, photographer – p 14

Blog de manoon : L'Univers de myparis.org – p 24

0BB8000002264954-photo-perou-le-joyau-de-la-civilisation-inca – p 40

Image (Ecriture cunéiforme alphabétique - Ougarit - Musée du Louvre)

www.ingramcontent.com/pod-product-compliance
Ingram Content Group UK Ltd.
Pitfield, Milton Keynes, MK11 3LW, UK
UKHW021127260726
13994UKWH00001B/24

9 782956 001713